EIK

Elektronische Informationsverarbeitung und Kybernetik

HEFT 11/12
BAND 12
1976

AKADEMIE-VERLAG · BERLIN

EVP 20,- M
31 625

REDAKTIONELLE HINWEISE

Manuskripte sind in zwei Exemplaren zu richten an:

Prof. Dr. H. Thiele
Sektion Mathematik der Humboldt-Universität zu Berlin
DDR-1086 **Berlin,** Postfach 1297

oder

Prof. Dr. W. Kämmerer
DDR-69 **Jena,** Sonnenbergstr. 6

oder

Dr. H. D. Modrow
Redaktion „EIK" im Zentralinstitut für Kybernetik und Informationsprozesse
DDR-1199 **Berlin-Adlershof,** Rudower Chaussee 5

Manuskripte werden in deutscher, englischer, französischer und russischer Sprache angenommen.

Die Autoren werden gebeten:

Manuskripte einseitig in Maschinenschrift mit mindestens zweizeiligem Abstand einzureichen (die Zahl der Abbildungen sollte möglichst klein sein).

Namen und Vornamen des Verfassers, seine Anschrift und gegebenenfalls die Institution, in der er tätig ist, sowie deren Leiter anzugeben.

Eine kurze Zusammenfassung der Arbeit von höchstens 10 Zeilen, wenn möglich auch in zwei weiteren der obengenannten Sprachen, beizufügen.

Abbildungen auf besonderen Blättern (Transparentpapier) beizufügen.

Abbildungsunterschriften auf einem gesonderten Blatt beizufügen und, falls bezüglich der Abbildungsgrößen besondere Wünsche bestehen, diese auf den Abbildungen zu vermerken.

In einem Exemplar hervorzuhebende Textstellen schwarz zu unterstreichen, und zwar halbfetter Satz mit einer geraden Linie; kursiv (Schrägschrift) mit einer Wellenlinie; Sperrungen gestrichelt. Besondere Buchstaben durch farbige Unterstreichung zu kennzeichnen; und zwar Fraktur ($\mathfrak{A}$, $\mathfrak{B}$, . . .) grün; Griechisch rot; Grotesk (A, B, . . .) violett; Schreibschrift ($\mathcal{A}$, $\mathcal{B}$, . . .) braun.

Die Autoren erhalten von der Arbeit zwei Korrekturabzüge übersandt. Sie erhalten von ihren Beiträgen 75 Sonderdrucke kostenlos, darüber hinaus bis zu 250 Sonderdrucke gegen Berechnung. Der Verlag behält sich für alle Beiträge das Recht der Vervielfältigung, Verbreitung und Übersetzung innerhalb der gesetzlichen Schutzfrist vor.

Bezugsmöglichkeiten:

Bestellungen sind zu richten

- *in der DDR* an eine Buchhandlung oder
  an den Akademie-Verlag,
  108 Berlin, Leipziger Straße 3 – 4
- *im sozialistischen Ausland* an eine Buchhandlung für fremdsprachige Literatur oder
  an den zuständigen Postzeitungsvertrieb
- *in der BRD und in Westberlin* an eine Buchhandlung oder an die Auslieferungsstelle
  KUNST UND WISSEN, Erich Bieber,
  7 Stuttgart 1, Wilhelmstraße 4 – 6
- *in Österreich* an den Globus-Buchvertrieb,
  1201 Wien, Höchstädtplatz 3
- *im übrigen Ausland* an den Internationalen Buch- und Zeitschriftenhandel; den Buchexport, Volkseigener Außenhandelsbetrieb der Deutschen Demokratischen Republik,
  DDR-701 Leipzig, Postfach 160, oder
  an den Akademie-Verlag,
  DDR-108 Berlin, Leipziger Straße 3 – 4.

HEFT 11/12
BAND 12
SEITE 513–616
NOVEMBER/DEZEMBER 1976

Elektronische Informationsverarbeitung und Kybernetik

AKADEMIE-VERLAG
BERLIN

INHALT

Dassow, J.: Eine neue Funktion für Lindenmayer-Systeme 515

Mehlhorn, K.: An Improved Lower Bound on the Formula Complexity of Context-free Recognition 523

Meißner, H.: Limes-Erkennung von regulären und linearen Sprachen mit Optimalitätseigenschaften 525

Phan Dinh Diêu: A Note on Iterative Arrays of Finite Automata over the One-letter Alphabet 551

Coy, W., A. Vogel: Eine einfach strukturierte Schaltwerk-Normalform mit niedriger Test-Komplexität 557

Issel, W.: A model for PL/I list-processing using the method of semantic bricks 567

Daduna, H.: Stochastische Algebra über höchstens abzählbaren Mengen . . 589

Negoita, C. V., D. A. Ralescu: L-Fuzzy Sets and L-Flou Sets 599

Bär, G.: Umformungsmöglichkeiten für die Restriktionen eines 0–1-Optimierungsproblems 607

Buchbesprechungen 611

In dieser Zeitschrift werden Beiträge aus folgenden Gebieten und Problemkreisen publiziert: Theorie der Digitalrechner (allgemeine Algorithmentheorie, abstrakte Automaten, algorithmische Sprachen, Programmierung, Struktur konkreter Digitalrechner, Bauelemente); Theorie der Analog- und Hybrid-Rechner; Fragen des praktischen Einsatzes von Rechenautomaten; Schaltstrukturen (kombinatorische Schaltungen, sequentielle Schaltungen, Neuronennetze); wahrscheinlichkeitstheoretische und statistische Probleme (Informationstheorie, Bedienungstheorie, stochastische Automaten, Lernstrukturen, lernende Automaten, Zuverlässigkeitstheorie); Spieltheorie und Theorie der Optimierung; mathematische Linguistik; Anwendungen der elektronischen Informationsverarbeitung und Kybernetik in Natur- und Gesellschaftswissenschaften, soweit sie vorwiegend mathematischen Charakter tragen. – Neben Originalarbeiten werden auch zusammenfassende Berichte über den erreichten Stand der genannten Sachgebiete sowie über einschlägige Tagungen veröffentlicht. Ferner sollen grundlegende Bücher und Einzelarbeiten besprochen werden.

Herausgeber: Im Auftrage der Mathematischen Gesellschaft der DDR und des Zentralinstituts für Kybernetik und Informationsprozesse der AdW herausgegeben von Prof. Dr. W. Kämmerer und Prof. Dr. H. Thiele. Verlag: Akademie-Verlag, DDR-108 Berlin, Leipziger Str. 3–4; Fernruf: 2200441; Telex-Nr.: 114420; Postscheckkonto: Berlin 35021; Bank: Staatsbank der DDR, Berlin, Kto.-Nr.: 6836-26-20712. Chefredaktion: Prof. Dr. Wilhelm Kämmerer, 69 Jena, Sonnenbergstr. 6; Prof. Dr. Helmut Thiele, Sektion Mathematik der Humboldt-Universität zu Berlin, 1086 Berlin, Postfach 1297. Verantwortlicher Redakteur: Dr. Heinz D. Modrow. Anschrift der Redaktion: Zentralinstitut für Kybernetik und Informationsprozesse der AdW, DDR-1199 Berlin, Rudower Chaussee 5; Fernruf: 6702841 App. 2606. Veröffentlicht unter der Lizenznummer 1520 des Presseamtes beim Vorsitzenden des Ministerrates der Deutschen Demokratischen Republik. Gesamtherstellung: VEB Druckerei „Thomas Müntzer", 582 Bad Langensalza. Erscheinungsweise: Die Zeitschrift „Elektronische Informationsverarbeitung und Kybernetik (EIK)" erscheint jährlich in einem Band mit 12 Heften. Bezugspreis je Band 150,– M zuzüglich Versandspesen (Preis für die DDR 120,– M); Preis je Heft 12,50 M (Preis für die DDR 10,– M). Bestellnummer dieses Heftes 1076/12/11–12.

Elektronische Informationsverarbeitung und Kybernetik
EIK 12 (1976) 11/12, 515–521

Eine neue Funktion für Lindenmayer-Systeme

Von JÜRGEN DASSOW[1])

1. Motivation und Definitionen

Bei der Entwicklung von Lebewesen spielen zwei Faktoren eine bedeutende Rolle: das Wachstum und die Differenzierung. Im Rahmen der von A. LINDENMAYER 1968 begründeten Theorie der L-Systeme, die ein mathematisches Modell der Entwicklung von Organismen darstellen, gibt es eine Reihe von Untersuchungen zum Wachstum. Dabei wird die Funktion betrachtet, die angibt, aus wieviel Zellen ein Organismus zu einem Zeitpunkt t besteht (vgl. hierzu [1], Chapter 15, [2], [4], [6], [7]). In dieser Arbeit wird der Versuch unternommen, eine Beschreibung der Stärke der Differenzierung zu geben. Dabei betrachten wir den Aspekt der Differenzierung, daß aus einer omnipotenten Zelle verschiedene multizellulare Subsysteme entstehen können. Dazu untersuchen wir die Funktion, die angibt, wieviel Strukturen (z.B. Gewebe) aus einer Zelle zu einem Zeitpunkt t unter den gegebenen Entwicklungsregeln entstanden sein können.

Wir kommen nun zu den entsprechenden formalen Definitionen:

Ein *TOL-System* ist ein Tripel $G = (V, \mathfrak{P}, \sigma)$ mit

1. das Alphabet V ist eine endliche nichtleere Menge,
2. $\mathfrak{P} = \{P_1, P_2, \ldots, P_r\}$, wobei jedes P_i, $1 \leqq i \leqq r$, folgende Bedingungen erfüllt:
   i) $P_i \subseteqq V \times V^*$, P_i ist eine endliche Menge,
   ii) für jedes $a \in V$ existiert ein $\alpha \in V^*$ mit $(a, \alpha) \in P_i$,
3. $\sigma \in V^+$.

Für $(a, \alpha) \in P_i$ $(1 \leqq i \leqq r)$ schreiben wir auch $a \to \alpha$.

Es gelte $x \underset{G}{\Rightarrow} y$ genau dann, wenn folgende Bedingungen erfüllt sind:

i) $x = a_1a_2 \cdots a_s\,, \quad a_i \in V\,, \quad 1 \leqq i \leqq s\,,$

ii) $y = \alpha_1\alpha_2 \cdots \alpha_s\,, \quad \alpha_i \in V^*\,, \quad 1 \leqq i \leqq s\,,$

iii) es existiert ein $j \in \{1, 2, \ldots, r\}$ mit $(a_i, \alpha_i) \in P_j$ für $i = 1, 2, \ldots, s$.

Wir setzen nun

$$L_0(G) = \{\sigma\}\,,$$
$$L_n(G) = \{y \mid \exists x\colon x \in L_{n-1}(G) \wedge x \underset{G}{\Rightarrow} y\} \qquad \text{für } n \geqq 1\,,$$
$$L(G) = \bigcup_{n=0}^{\infty} L_n(G)\,.$$

---

[1]) Sektion Mathematik der Wilhelm-Pieck-Universität Rostock (Direktor: Prof. Dr. sc. nat. W. ENGEL).

Ein *TOL-System* heißt *deterministisch* (*DTOL-System*), wenn für jedes $a \in V$ und jedes $i \in \{1, \ldots, r\}$ genau ein $\alpha \in V^*$ mit $(a \to \alpha) \in P_i$ existiert.

Definition. Unter der *Differenzierungsfunktion* d_G eines DTOL-Systems G verstehen wir die Funktion

$$d_G(n) = |L_n(G)|;$$

dabei bezeichne $|Q|$ die Mächtigkeit der Menge Q.

Beispiele. 1. $G_1 = (\{a, b\}, \{P_1, P_2\}, b)$ mit

$$P_1 = \{a \to a, b \to ba\},$$
$$P_2 = \{a \to a, b \to b^2a\}$$

besitzt die Differenzierungsfunktion $d_{G_1}(n) = 2^n$.

2. $d_{G_2}(n) = n + 1$ gilt für das DTOL-System

$$G_2 = (\{a\}, \{\{a \to a\}, \{a \to a^2\}\}, a).$$

3. Für $G_3 = (\{a, b, c\}, \{P_1, P_2\}, c)$ mit

$$P_1 = \{a \to a^2, b \to b^2, c \to a\}$$

und

$$P_2 = \{a \to a^2, b \to b^2, c \to b\}$$

gilt $d_{G_3}(n) = 2$ für $n \geqq 1$ und $d_{G_3}(0) = 1$.

4. Jedes DTOL-System mit nur einer Tafel ($r = 1$, DOL-System) erfüllt trivialerweise $d_G \equiv 1$.

Neben der biologischen Motivation ist diese Funktion aber auch von mathematischem Interesse. In [5] führte G. Rozenberg zwei Charaktere zur Beschreibung der Kompliziertheit eines TOL-Systems ein:

$$\det G = \max_{a \in V} \max_{P \in \mathfrak{P}} |\{\alpha \mid (a \to \alpha) \in P\}|$$

und

$$\operatorname{syn} G = |\mathfrak{P}|.$$

Für jedes DTOL-System gilt $\det G = 1$. Ferner sieht man, daß für die Beispielsysteme

$$\operatorname{syn} G_1 = \operatorname{syn} G_2 = \operatorname{syn} G_3 = 2$$

gilt. Trotzdem sind ihre Differenzierungsfunktionen sehr unterschiedlich. Daher kann die Differenzierungsfunktion als ein zusätzliches Maß der Kompliziertheit eines Systems dienen.

Für die Differenzierungsfunktion kann man nun folgende Probleme betrachten (analog zu denen für die Wachstumsfunktion):

i) Analyseproblem (bestimme zu gegebenem G die Funktion d_G in einem bestimmten Formalismus),
ii) Syntheseproblem (konstruiere zu einer gegebenen Funktion f ein DTOL-System G mit $f = d_G$),
iii) Äquivalenzproblem (wann gilt für zwei Systeme G_1 und G_2 $d_{G_1} = d_{G_2}$?),
iv) Klassifizierungsprobleme (wann gilt $d_G(n) \leqq k$? und ähnliche Fragen),
v) Hierarchieproblem (erzeugen DTIL-Systeme, d. h. Systeme mit kontextabhängigen Regeln, mehr Differenzierungsfunktionen als DTOL-Systeme?).

In dieser Arbeit beschäftigen wir uns mit dem Synthese- und Äquivalenzproblem.

2. Bemerkungen zum Syntheseproblem

Als erstes geben wir einige Bedingungen an, die die Menge der als Differenzierungsfunktion zulässigen Funktionen einschränken.
$d_G(0) = 1$ gilt per definitionem immer.
Mittels vollständiger Induktion beweist man das folgende Lemma leicht.

Lemma 1. *Es gilt für jedes DTOL-System mit* $r = \text{syn}\, G$

$$d_G(n) \leqq r^n .$$

Bemerkung. Würde man statt DTOL-Systemen einfach TOL-Systeme bzw. OL-Systeme betrachten, so würde man $d_G(n) \leqq a^{(b^n)}$ für gewisse natürliche Zahlen a und b erhalten, und es ist leicht, ein System mit $d_G(n) = 2^{(2^n)}$ zu konstruieren.

Lemma 2. *Seien f und g Differenzierungsfunktionen von PDTOL-Systemen*[1]) *und $r \geqq 2$ eine natürliche Zahl. Dann sind auch die Funktionen h_1, h_2 und h_3 mit*

$$h_1(0) = 1\,, \quad h_1(n) = f(n) + g(n) \qquad \text{für } n \geqq 1$$
$$h_2(0) = 1\,, \quad h_2(n) = f(n) \cdot g(n) \qquad \text{für } n \geqq 1$$
$$h_3(0) = 1\,, \quad h_3(n) = f([n/r])^{2)} \qquad \text{für } n \geqq 1$$

Differenzierungsfunktionen von PDTOL-Systemen. Dagegen ist die Menge der Differenzierungsfunktionen gegenüber Subtraktion, Division und Substitution nicht abgeschlossen.

Beweis. Es seien

$$G_1 = (V_1, \{P_{11}, \ldots, P_{1r_1}\}, \sigma_1)$$

und

$$G_2 = (V_2, \{P_{21}, \ldots, P_{2r_2}\}, \sigma_2)$$

PDTOL-Systeme mit $d_{G_1} = f$ und $d_{G_2} = g$. Dabei gelte o.B.d.A. $V_1 \cap V_2 = \emptyset$ und $r_1 \leqq r_2$. Wir setzen nun $H_1 = (V_1 \cup V_2 \cup \{\sigma\}, \mathfrak{P}, \sigma)$ mit $\sigma \notin V_1 \cup V_2$ und

$$\mathfrak{P} = \mathfrak{P}_1 \cup \mathfrak{P}_2 \cup \mathfrak{P}_3\,,$$
$$\mathfrak{P}_1 = \{\{\sigma \to \alpha\} \cup P_{11} \cup P_{21} \mid \alpha \in L_1(G_1) \cup L_1(G_2)\}\,,$$
$$\mathfrak{P}_2 = \{\{\sigma \to \beta\} \cup P_{1k} \cup P_{2k} \mid 1 \leqq k \leqq r_1\}\,,$$
$$\mathfrak{P}_3 = \{\{\sigma \to \beta\} \cup P_{11} \cup P_{2j} \mid r_1 + 1 \leqq j \leqq r_2\}\,,$$

wobei $\beta \in L_1(G_1)$ fest gewählt sei. Man erkennt nun leicht

$$L_0(H_1) = \{\sigma\}\,,$$
$$L_n(H_1) = L_n(G_1) \cup L_n(G_2)$$

für $n \geqq 1$ mit $L_n(G_1) \cap L_n(G_2) = \emptyset$. Folglich gilt

$$d_{H_1} = h_1 .$$

Ferner sei $H_2 = (V_1 \cup V_2, \mathfrak{P}', \sigma_1\sigma_2)$ mit

$$\mathfrak{P}' = \{P_{1i} \cup P_{2j} \mid 1 \leqq i \leqq r_1, 1 \leqq j \leqq r_2\} .$$

Offenbar ist dann für $n \geqq 1$

$$L_0(H_2) = \{\sigma_1\sigma_2\}, L_n(H_2) = L_n(G_1) \cdot L_n(G_2) .$$

---

[1]) PDTOL-Systeme sind DTOL-Systeme, in denen keine Produktion der Form $a \to \Lambda$ (Λ bezeichne das leere Wort) vorkommt.

[2]) $[a]$ bezeichne die größte natürliche Zahl n mit $n \leqq a$.

Somit erfüllt H_2 die Bedingung

$$d_{H_2} = h_2 .$$

Jedem $a \in V_1$ ordnen wir nun eine Menge $V^{(a)} = \{x_1(a), \dots, x_{r-1}(a)\}$ so zu, daß $V^{(a)} \cap V_1 = \emptyset$ und $V^{(a)} \cap V^{(b)} = \emptyset$ für $a \neq b$ ist. Ferner ordnen wir jedem P_{1i} die Tafel

$$P'_i = \{a \to x_1(a) \mid a \in V_1\} \cup \bigcup_{i=1}^{r-2} \{x_i(a) \to x_{i+1}(a) \mid a \in V_1\} \cup$$
$$\cup \{x_{r-1}(a) \to \alpha \mid a \to \alpha \in P_{1i}\}$$

zu. Dann gilt für das System

$$H_3 = \left(V_1 \cup \bigcup_{a \in V_1} V^{(a)}, \{P'_1, \dots, P'_{r_1}\}, \sigma_1\right)$$

die Beziehung

$$d_{H_3} = h_3 .$$

Daß $f - g$ und f/g i. allg. keine Differenzierungsfunktionen sind, ist trivial. Sei $f(n) = g(n) = 2^n$, dann ist $f(g(n)) = 2^{(2^n)}$ nach Lemma 1 keine Differenzierungsfunktion.

Sei G ein DOL-System. Dann bestehen die Mengen $L_n(G)$ für alle n aus genau einem Element w_n. Wir definieren nun die *Wachstumsfunktion* von G durch

$$f_G(n) = l(w_n) ,$$

wobei $l(w)$ die Länge des Wortes w bezeichne.

Lemma 3. *Sei G ein DOL-System und f_G die zugehörige Wachstumsfunktion. Dann gibt es ein DOL-System $G' = (V', P', \sigma')$ mit folgenden Eigenschaften:*

i) *Es gilt $a_i \neq a_j$ für $1 \leqq i \leqq j \leqq r$ und $(a \to a_1 \cdots a_r) \in P'$.*

ii) $f_{G'} = f_G$.

Beweis. Eventuell mehrfach auftretende Buchstaben auf der rechten Seite einer Produktion werden jeweils durch neue Buchstaben ersetzt, für die die gleichen Produktionsregeln gelten.

Satz 4. *Sei G ein PDOL-System mit einem Axiom der Länge 1 und f_G die Wachstumsfunktion von G. Dann existiert ein DTOL-System G' mit $d_{G'} = f_G$.*

Beweis. Nach dem vorhergehenden Lemma können wir o.B.d.A. annehmen, daß keine rechte Seite einer Produktion aus $G = (V, P, \sigma)$ einen Buchstaben doppelt enthält. Mit $\delta'(a)$ bezeichnen wir die Menge der Buchstaben aus w, wobei $(a \to w) \in P$ gelte. Für jedes $a \in V$ fixieren wir ein $a_1 \in \delta'(a)$. Ferner ordnen wir jedem $a \in V$ ein $a' \notin V$ so zu, daß $V' = \{a' \mid a \in V\}$ die Bedingung $|V'| = |V|$ erfüllt. Nun setzen wir

$$\mathfrak{P} = \{P_{a,b} \mid a \in V, b \in \delta'(a)\} ,$$
$$P_{a,b} = \{a \to ba'\} \cup \{x \to x_1 x' \mid x \in V \setminus \{a\}\} \cup \{x' \to x' \mid x' \in V'\} ,$$
$$G' = (V \cup V', \mathfrak{P}, \sigma) .$$

Sei nun $L_n(G) = \{a_1 \cdots a_s\}$. Dann weist man durch vollständige Induktion über n leicht nach, daß $L_n(G') = \{a_1 w_1, \dots, a_s w_s\}$ ist, wobei für $w_i = w_j$ und $i \neq j$ die Bedingung $a_i \neq a_j$ erfüllt ist. Daher gilt $d_{G'} = f_G$.

Mittels Lemma 3 und Satz 4 sind wir in der Lage, für alle die Funktionen f ein DTOL-System G' mit $d_{G'} = f$ zu konstruieren, für die ein PDOL-System G mit $f_G = f$ konstruiert werden kann. Zum Syntheseproblem von Wachstumsfunktionen gibt es aber schon eine Vielzahl von Resultaten. Vgl. dazu [6] und die dortige Literatur.

Abschließend in diesem Abschnitt wollen wir noch ein Resultat beweisen, das einen Unterschied zwischen den Differenzierungs- und den Wachstumsfunktionen zeigt (bzgl. der Wachstumsfunktionen vgl. dazu [7], Theorem 9).

Wir nennen eine Funktion *vom Typ 1*, wenn eine natürliche Zahl k existiert, so daß für alle natürlichen Zahlen n gilt $f(n) \leqq k$. f heißt *vom Typ 2*, wenn f nicht vom Typ 1 ist und ein Polynom p existiert, so daß $f(n) \leqq p(n)$ für alle natürlichen Zahlen n gilt. Sonst heißt f *vom Typ 3*.

Ein *Semi-DTOL-System* ist ein Paar $G = (V, \mathfrak{P})$ mit V und $\mathfrak{P}$ wie beim DTOL-System. Ein Semi-DTOL-System $G = (V, \mathfrak{P})$ heißt *vom Typ* $(i_1, \ldots, i_r)$, falls Axiome $\sigma_{i_1}, \ldots, \sigma_{i_r}$ so existieren, daß $G_{i_j} = (V, \mathfrak{P}, \sigma_{i_j})$ eine Differenzierungsfunktion vom Typ i_j besitzt.

Lemma 5. *Sind $f_1, \ldots, f_s$ Differenzierungsfunktionen von DTOL-Systemen, dann existiert ein Semi-DTOL-System G und Axiome $\sigma_1, \ldots, \sigma_s$, so daß für die DTOL-Systeme $G_i = (V, \mathfrak{P}; \sigma_i)$ gilt: $d_{G_i} = f_i$.*

Beweis. Seien $G_i' = (V_i, \mathfrak{P}_i, \sigma_i')$, $1 \leqq i \leqq s$, die DTOL-Systeme mit $d_{G_i} = f_i$. Dabei sei $\mathfrak{P}_i = \{P_{i1}, \ldots, P_{ir_i}\}$ und o.B.d.A. $V_i \cap V_j = \emptyset$ für $i \neq j$. Dann setzen wir

$$V = V_1 \cup V_2 \cup \cdots \cup V_s$$

$$\mathfrak{P} = \{P_{11} \cup P_{21} \cup \cdots \cup P_{i-1,1} \cup P_{ij} \cup P_{i+1,1} \cup \cdots \cup P_{s1}: 1 \leqq i \leqq s, 1 \leqq j \leqq r_i\}$$

$$\sigma_i = \sigma_i' .$$

Man erkennt leicht, daß das so konstruierte Semi-DTOL-System G und die angegebenen Axiome die Bedingungen des Lemmas erfüllen.

Lemma 6. *Es existieren Semi-DTOL-Systeme folgender Typen:*

(1), (2), (3), (1, 2), (1, 3), (2, 3), (1, 2, 3).

Beweis. Wir betrachten die folgenden Systeme:

$$G_1' = (\{e\}, \{e \to e\}) ,$$

$$G_2' = (\{d\}, \{\{d \to d\}, \{d \to d^2\}\}) ,$$

$$G_3' = (\{a, b, c\}, \{P_1, P_2, P_3\}) \text{ mit}$$

$$P_1 = \{a \to ab, b \to b, c \to a\}$$

$$P_2 = \{a \to a^2b, b \to b, c \to a\}$$

$$P_3 = \{a \to ab, b \to c, c \to a\} .$$

Aus den am Anfang behandelten Beispielen ersieht man, daß G_i' ein Semi-DTOL-System vom Typ (i) ist. Man überzeugt sich leicht, daß das Semi-DTOL-System, das aus $G_{i_1}', \ldots, G_{i_n}'$ mittels der Konstruktion aus Lemma 5 gewonnen wird, vom Typ $(i_1, \ldots, i_n)$ ist.

3. Das Äquivalenzproblem

Sei V ein Alphabet mit mindestens zwei verschiedenen Buchstaben, und sei $(\{\alpha_1, \ldots, \alpha_k\}, \{\beta_1, \ldots, \beta_k\})$ ein Paar von gleichmächtigen Wortmengen über V. Das Postsche Korrespondenzproblem hat genau dann eine Lösung, wenn eine Folge $i_1, i_2, \ldots, i_s$ mit $i_j \in \{1, \ldots, k\}$, $1 \leqq j \leqq s$, existiert, so daß $\alpha_{i_1}\alpha_{i_2} \cdots \alpha_{i_s} = \beta_{i_1}\beta_{i_2} \cdots \beta_{i_s}$ gilt. Es ist bekannt, daß es keinen Algorithmus gibt, der für jedes Paar entscheidet, ob das Postsche Korrespondenzproblem eine Lösung besitzt oder nicht (vgl. hierzu z.B. [3]).

Jedem Paar $(\{\alpha_1, \ldots, \alpha_k\}, \{\beta_1, \ldots, \beta_k)$ ordnen wir nun wie folgt ein DTOL-System zu:

$G = (V \cup \{[1], [2], \ldots, [k]\} \cup \{\sigma, \sigma_1, \sigma_2\}, \mathfrak{P}, \sigma)$, wobei

$V \cap \{[1], [2], \ldots, [k]\} = \emptyset$ und

$(V \cup \{[1], [2], \ldots, [k]\}) \cap \{\sigma, \sigma_1, \sigma_2\} = \emptyset$ gelte.

$\mathfrak{P} = \{P_1, P_2, \ldots, P_{2k}\}$ sei dabei wie folgt definiert:

$$
\begin{aligned}
P_1 &= \{\sigma \to \sigma_1, \sigma_1 \to \alpha_1\sigma_1[1], \sigma_2 \to \beta_1\sigma_2[1]\} \cup P\\
P_2 &= \{\sigma \to \sigma_1, \sigma_1 \to \alpha_2\sigma_1[2], \sigma_2 \to \beta_2\sigma_2[2]\} \cup P\\
\ldots & \quad \ldots \quad \ldots \quad \ldots\\
P_k &= \{\sigma \to \sigma_1, \sigma_1 \to \alpha_k\sigma_1[k], \sigma_2 \to \beta_k\sigma_2[k]\} \cup P\\
P_{k+1} &= \{\sigma \to \sigma_2, \sigma_1 \to \alpha_1[1], \sigma_2 \to \beta_1[1]\} \cup P\\
P_{k+2} &= \{\sigma \to \sigma_2, \sigma_1 \to \alpha_2[2], \sigma_2 \to \beta_2[2]\} \cup P\\
\ldots & \quad \ldots \quad \ldots\\
P_{2k} &= \{\sigma \to \sigma_2, \sigma_1 \to \alpha_k[k], \sigma_2 \to \beta_k[k]\} \cup P\\
P &= \{[i] \to [i] \mid i \in \{1, \ldots, k\}\} \cup \{a \to a \mid a \in V\}\,.
\end{aligned}
$$

Man erkennt sofort: Das Postsche Korrespondenzproblem besitzt genau dann keine Lösung, wenn

$$d_G(0) = 1\,, \quad d_G(1) = 2\,, \quad d_G(n) = 2k + 2k^2 + \cdots + 2k^{n-2} + 4k^{n-1}$$

für $n \geqq 2$ gilt.

Jetzt können wir den folgenden Satz beweisen.

Satz 7. *Es gibt keinen Algorithmus, der für zwei DTOL-Systeme entscheidet, ob sie die gleiche Differenzierungsfunktion besitzen oder nicht.*

Beweis. Angenommen, ein solcher Algorithmus existiert. Wir betrachten nun ein Alphabet V mit $|V| = n \geqq 2$ und darin zwei Paare von Wortmengen

$$A = (\{\alpha_1, \ldots, \alpha_k\}, \{\beta_1, \ldots, \beta_k\})\,,$$

$$B = (\{\gamma_1, \ldots, \gamma_k\}, \{\delta_1, \ldots, \delta_k\})\,,$$

wobei

$$\gamma_i = a^i \text{ und } \delta_i = b^i\,, \quad 1 \leqq i \leqq k\,, \quad \text{mit } a, b \in V\,, \quad a \neq b$$

gelte.

Den beiden Paaren ordnen wir nun nach obiger Konstruktion die DTOL-Systeme G_A und G_B zu. Da für B trivialerweise keine Lösung des Postschen Korrespondenzproblems existiert, besitzt A genau dann keine Lösung des Postschen Korrespondenzproblems, wenn G_A und G_B die gleiche Differenzierungsfunktion besitzen. Somit existiert nach unserer Annahme ein Algorithmus, der entscheidet, ob das Postsche Korrespondenzproblem eine Lösung besitzt oder nicht. Damit haben wir den gewünschten Widerspruch.

Es ist somit auch klar, daß es für jeden Formalismus, in dem die Gleichheit zweier Funktionen algorithmisch entscheidbar ist, keinen Analysealgorithmus gibt, der zu einem gegebenen DTOL-System G die zugehörige Differenzierungsfunktion d_G bestimmt.

Literatur

[1] Herman, G. T., G. Rozenberg, Developmental Systems and Languages. North-Holland Publishing Co., 1975.
[2] Herman, G. T., P. M. B. Vitanyi, Growth functions associated with biological development. Amer. Math. Monthly (to appear).
[3] Hopcroft, J. E., J. D. Ullman, Formal Languages and Their Relation to Automata. Addison-Wesley, 1969.
[4] Paz, A., A. Salomaa, Integral sequential word functions and growth equivalence of Lindenmayer systems. Inform. and Control **23** (1973), 313–343.
[5] Rozenberg, G., TOL-Systems and languages. Inform. and Control **23** (1973) 357–381.
[6] Ruohonen, K., On the synthesis of DOL growth. Ann. Acad. Sci. Fennicae, Ser. A, I, 1/1975, 143–154.
[7] Vitanyi, P. M. B., Structure of growth in Lindenmayer systems. Indag. Math. **35** (1973), 247–253.

Kurzfassung

Es wird die Differenzierungsfunktion $d_G(n) = |L_n(G)|$ eines DTOL-Systems G betrachtet, die die Anzahl der in n Schritten ableitbaren Wörter angibt und die Stärke der Differenzierung charakterisiert. Wir geben eine teilweise Lösung des Syntheseproblems: Konstruiere ein DTOL-System mit vorgegebener Differenzierungsfunktion. Ferner wird gezeigt, daß kein Algorithmus existiert, der entscheidet, ob zwei DTOL-Systeme die gleiche Differenzierungsfunktion besitzen oder nicht.

Abstract

We regard the differentiation function $d_G(n) = |L_n(G)|$ of a DTOL-system G which gives us the number of words produced in n steps by the system and characterizes the size of differentiation. We give a partial solution of the synthesis problem: Given a function f, find a DTOL-system whose differentiation function is f. Further we show that there exists no algorithm which decides whether two DTOL-systems possess the same differentiation function or not.

Резюме

Мы рассматриваем функцию дифференциации $d_G(n) = |L_n(G)|$ DTOL-системы G, которая дает число слов, которые генерируются системой в n шагах, и характеризует меру дифференциации. Мы даем частичное решение проблемы синтеза: конструировать такую DTOL-систему G, что $d_G(n)$ является заданной функцией. Дальше мы показываем, что не существует алгоритм, который разрешает, имеют две DTOL-системы равные функции дифференциации или нет.

(Eingegangen am 9. 2. 1976)

Anschrift des Verfassers:

Dr. J. Dassow
Sektion Mathematik der
Wilhelm-Pieck-Universität Rostock
25 Rostock
Universitätsplatz 1
DDR

Elektronische Informationsverarbeitung und Kybernetik
EIK 12 (1976) 11/12, 523 – 524

An Improved Lower Bound on the Formula Complexity of Context-free Recognition

By KURT MEHLHORN

In [1] G. HOTZ proves an $O\left((n/\log n)^{3/2}\right)$ lower bound¹) on the formula complexity of context free recognition. In this note we improve this bound to $O(n^2/\log^3 n)$.

Let $L \subseteqq \{0, 1\}^*$ be a context-free language, let $L_n = L \cap \{0, 1\}^n$ and let $C_L(n)$ be the size of the smallest formula (over the basis of all binary boolean functions) for the characteristic function of L_n. We call C_L the formula complexity of L.

Theorem. *There is a context-free language L such that*

$$C_L(n) \geqq O(n^2/\log^3 n) .$$

Proof. NECIPORUK describes in [2] a method for proving lower bounds for the formula complexity of boolean functions. Applying this method PAUL [3] gave a simple example of a boolean function having formula complexity $O(n^2/\log n)$. We give his example.

$$f_n: \{0, 1\}^{2n + \log n - \log\log n} \to \{0, 1\} .$$

The variables of f_n are divided in a group $A = a_1 \cdots a_{\log n - \log\log n}$ of $\log n - \log\log n$ variables and two groups X and $Y = y_1 \cdots y_n$ of n variables each. The n variables in X are divided into blocks $X_i = x_{i_1} \cdots x_{i\log n}$, $1 \leqq i \leqq n/\log n$ of $\log n$ variables each. We interpret A as a binary number between 1 and $n/\log n$: it indexes the blocks $X_1, \ldots, X_{n/\log n}$. We interpret a block X_i as a binary number between 1 and n: it indexes the table Y. Formally

$$f_n(A, X_1, \ldots, X_{n/\log n}, Y) = y_j$$

where A represents the binary number i and X_i represents j.

Fact [3]. $C(f_n) \geqq O(n^2/\log n)$.

We embed f_n into a context-free language and thus reduce the problem of evaluating f_n to the problem of context-free recognition. The lower bound in [1] was obtained by embedding matrix multiplication. Consider the following language $L \subseteqq \{0, 1, \#\}^*$. For ease of description we define L over a 3 symbol alphabet.

$$L = \{a \#\#\# v_1 \# x_1 \#\# \cdots \#\# v_k \# x_k \#\#\# w_1 \# y_1 \#\# \cdots$$
$$\cdots \#\# w_l \# y_l;$$
$$a, v_i, x_i, w_j \in \{0, 1\}^*, y_j \in \{0, 1\} \text{ for all } i, j, 1 \leqq i \leqq k, 1 \leqq j \leqq l,$$
$$\text{and } a = v_i^R \text{ and } x_i = w_j^R \text{ and } y_j = 1 \text{ for some } i, j\}.$$

It is easy to see that L is context-free. We encode an input A, X, Y of f_n as a string z over $\{0, 1, \#\}$ of length approx. $n \log n$.

---

¹) For ease of writing we write $\log n$ instead of $\lceil \log_2 n \rceil$. $g(n) \geqq O(h(n))$ means that the growth rate of g is at least as large as the growth rate of h.

Let

$$a = a_1 \cdots a_{\log n - \log\log n}, \qquad x_i = x_{i1} \cdots x_{i \log n}, \qquad y_i = y_i$$

and let bin(j) be the binary representation of integer j (filled up with leading 0's to length $\log n$). Then

$$z = a \,\#\#\#\, \mathrm{bin}(1)^R \# x_1 \#\# \cdots \#\# \mathrm{bin}(n/\log n)^R \# x_n/\log n$$
$$\#\#\# \,\mathrm{bin}(1)^R \# y_1 \#\# \cdots \#\# \mathrm{bin}(n)^R \# y_n .$$

Fact. *$z \in L$ iff $f_n(A, X, Y) = 1$ and $|z| = O(n \log n)$.*

Let $m = |z|$ and consider any formula for the characteristic function of L_m. Such a formula is easily converted into a formula for f_n (by fixing the values of some of the inputs). Therefore

$$C_L(m) \geqq C(f_n) \geqq O(n^2/\log n)$$

and hence

$$C_L(n \cdot \log n) \geqq O(n^2/\log n)$$

which implies

$$C_L(n) \geqq O(n^2/\log^3 n);$$

q.e.d.[1])

References

[1] Hotz, G., Untere Schranken für das Analyseproblem kontext-freier Sprachen. Techn. Bericht, Universität des Saarlandes, Nov. 1975.
[2] Neciporuk, E. J., A Boolean Function. Soviet. Math. Probl. 7 (1966), 999—1000.
[3] Paul, W. J., A 2.5 N-Lower Bound on the Combinational Complexity of Boolean Functions. In: 7th ACM Symposium on Theory of Computing, 1975; pp. 27—36.
[4] Khrapchenko, On the Complexity of the Linear Function in the Class of Π-Circuits. Matem. Zametki **9** (1971) 1, 35—40 (Russian).

Abstract

For $L \subseteqq \{0, 1\}^*$ a language let $L_n = L \cap \{0, 1\}^n$ and let $C_L(n)$ be the size of the shortest boolean formula for the characteristic function of L_n. We exhibit a context-free language with $C_L(n) \geqq O(n^2/\log^3 n)$.

Kurzfassung

Für eine Sprache $L \subseteqq \{0, 1\}^*$ sei $L_n = L \cap \{0, 1\}^n$, und $C_L(n)$ sei die Größe des kleinsten Booleschen Ausdrucks für die charakteristische Funktion von L_n. Wir zeigen $C_L(n) \geqq$ $\geqq O(n^2/\log^3 n)$ für eine kontext-freie Sprache L_n.

Резюме

Предполагаем, что для языка $L \subseteqq \{0, 1\}^*$ имеет место $L_n = L \cap \{0, 1\}^n$ и что $C_L(n)$ является значением наименьшего булевого выражения для характеристической функции от L_n. Мы показываем, что для контекстно-свободного языка L_n имеет место соотношение $C_L(n) \geqq O(n^2/\log^3 n)$..

(Eingegangen am 28. 1. 1976)

Anschrift des Verfassers:
Prof. Dr. K. Mehlhorn
Universität des Saarlandes
Fachbereich 10
Angewandte Mathematik und Informatik
6600 Saarbrücken
BRD

[1]) Zvi Galil and Mike Paterson improved upon the result of this paper. They show an $O(n^2/\log n)$ lower bound by exhibiting a better encoding of the functions f_n into a context-free language.

Elektronische Informationsverarbeitung und Kybernetik
EIK 12 (1976) 11/12, 525–549

Limes-Erkennung von regulären und linearen Sprachen mit Optimalitätseigenschaften[1])

Von Hansgeorg Meissner[2])

1. Problemstellung

Die vorliegende Arbeit ist einzuordnen in die Untersuchungen zur Erkennung von Chomsky-Sprachen im Limes (vgl. z.B. [2, 5, 12]). In Analogie zu den bekannten Ausführungen über Spracherkennung im Limes (vgl. z.B. Thiele [12]) verwenden wir hier den folgenden Ansatz:

„Gegeben ist eine unendliche Folge von Informationen über die betrachtete Sprache. Gesucht ist ein (effektiver) Algorithmus, der jedem endlichen Anfangsstück dieser Folge eine generative Grammatik derart zuordnet, daß dieser Zuordnungsprozeß für Anfangsstücke hinreichender Länge stets dasselbe Resultat liefert und dieses Resultat eine Grammatik ist, die die gegebene Sprache erzeugt.“

In diesem Falle sagen wir, daß die betrachtete Sprache von einem solchen Algorithmus im Limes erkannt wird. Eine Klasse $\mathfrak{L}$ von Sprachen werden wir im Limes erkennbar nennen, wenn es einen universellen Algorithmus gibt, der jede Sprache $L \in \mathfrak{L}$ im Limes erkennt. Mit den Resultaten von Gold [5] ist bekannt, daß bei entsprechender Belehrung die Klasse der rekursiv aufzählbaren Sprachen über einem Alphabet X im Limes erkennbar ist. Als Beweisverfahren findet das von Solomonoff [11] eingeführte Prinzip der Identifikation durch Aufzählung (Identification by enumeration) Verwendung:

Es sei $\mathfrak{H}$ eine Menge von Hypothesen[3]), und $\beta\colon \mathbb{N}$[4]) $\mapsto\!\!\!\twoheadrightarrow \mathfrak{H}$[5]) sei eine effektive Numerierung dieser Hypothesenmenge. Zu einer vorgegebenen Menge T von Informationen über eine Sprache L, die im folgenden stets eine endliche Teilmenge der Menge $\{[p, \chi_L(p)] \mid p \in X^*\}$[6]) sein soll, sucht der Erkennungsalgorithmus die bezüglich der Aufzählung β erste Hypothese $\beta(n)$, die mit der Information T verträglich ist; d. h., der Algorithmus bestimmt die kleinste natürliche Zahl n, für die gilt: $\mathsf{T} \subseteqq \Gamma_{\chi_{\beta(n)}}$.

---

1) Überarbeiteter Auszug aus der Dissertation A „Algorithmen zur Erkennung von Chomsky-Sprachen“ des Verfassers an der Friedrich-Schiller-Universität Jena, 1973.

2) Sektion Mathematik der Friedrich-Schiller-Universität Jena (Direktor: Prof. Dr. sc. G. Schlosser).

3) Die Menge $\mathfrak{H}$ ist in unserem Falle die Menge aller regulären bzw. linearen Normalterme über einem Alphabet X (vgl. Abschnitt 2.1).

4) $\mathbb{N}$ bezeichne die Menge der natürlichen Zahlen.

5) Für die Begriffe eindeutige Abbildung f von A auf B, von A in B, aus A auf B, aus A in B verwenden wir hier abkürzend: $f\colon A \mapsto\!\!\!\twoheadrightarrow B$, $f\colon A \mapsto B$, $f\colon A \twoheadrightarrow B$, $f\colon A \to B$.

6) χ_L bezeichnet die charakteristische Funktion einer Sprache $L \subseteqq X^*$ (X^* ist die Wortmenge über X). Die Menge $\{[p, \chi_L(p)] \mid p \in X^*\}$ ist offensichtlich der Graph von χ_L und wir verwenden deshalb im folgenden für diese Menge die Bezeichnung Γ_{χ_L}. Ist H eine Hypothese, so bezeichnet $\Gamma_{\chi_{\mathsf{H}}}$ den Graphen der charakteristischen Funktion der von H erzeugten Sprache.

Eine gewählte Hypothese $\beta(n)$ wird solange beibehalten, wie sie mit den einlaufenden Informationen verträglich bleibt. Ergibt sich jedoch für die durch weitere Informationen entstandene neue Informationsmenge $\mathsf{T}'(\mathsf{T}' \supset \mathsf{T})$, daß T' und $\beta(n)$ unverträglich sind (d. h., es existiert wenigstens ein Paar $[p', \varepsilon]$ mit $p' \in X^*$ und $\varepsilon \in \{0, 1\}$, das in T' aber nicht in $\Gamma_{\chi_{\beta(n)}}$ enthalten ist), so wird in der Aufzählung β die erste der auf $\beta(n)$ folgenden Hypothesen $\beta(n')$ gesucht, für die wieder $\mathsf{T}' \subseteqq \Gamma_{\chi_{\beta(n')}}$ gilt.

Der so definierte Erkennungsalgorithmus ist offensichtlich effektiv und die Resultatfolge (Folge der ausgegebenen Hypothesen) wird nach endlicher Zeit stationär (vgl. GOLD [5]).

Bei einer praktischen Verwirklichung eines solchen Erkennungsverfahrens auf einem Rechner stößt man sehr schnell an Grenzen bezüglich der Rechenzeit und der Speicherkapazität. Es ist also durchaus sinnvoll, innerhalb des Problemkreises der Spracherkennung im Limes gewisse Untersuchungen hinsichtlich der Optimalität derartiger Algorithmen durchzuführen. So stellt z. B. die Forderung nach minimalem Speicherplatz u. a. Forderungen an die Kompliziertheit[1]) der während des Erkennungsprozesses gewählten Hypothesen (einschließlich der Endhypothese). Die verwendeten Aufzählungen der Hypothesen müßten unter diesem Gesichtspunkt so beschaffen sein, daß die erste Hypothese, die mit einer Eingangsinformation T verträglich ist, gleichzeitig bezüglich des vorgegebenen Kompliziertheitsmaßes am einfachsten ist. Prinzipielle Aussagen zu Erkennungsprozessen dieser Art sind in der Arbeit [2] von FELDMAN und SHIELDS enthalten.

Wie schon erwähnt, beruht der bei der Spracherkennung im Limes verwendete Erkennungsalgorithmus auf einem Durchmusterungsverfahren. Die Hypothesen $\beta(i)$ werden der Reihe nach auf Verträglichkeit mit der vorgegebenen Menge T von Eingangsinformationen geprüft. Der Aufwand an Rechenzeit für solche Durchmusterungsverfahren ist im allgemeinen so hoch, daß von einer rechentechnischen Realisierung derartiger Algorithmen von vorn herein Abstand genommen werden muß. Es erscheint deshalb als eine weitere sinnvolle Problemstellung, die Hypothesenmenge $\mathfrak{H}$ so zu gestalten, daß man aus einer vorgegebenen Eingangsinformation T mittels eines effektiven und praktikablen Verfahrens direkt (d. h. ohne Durchmusterung) die bezüglich β erste Hypothese konstruieren kann, die mit T verträglich ist.

Die Aufgabenstellung für die vorliegende Arbeit ist aus einer Kopplung der beiden Probleme entstanden. Zu einer entsprechend konstruierten Aufzählung β geeigneter Hypothesen (vgl. Abschnitt 2.1) wird ein effektiver und praktikabler Algorithmus $\mathfrak{A}$ angegeben, der in jedem Takt j aus einer vorgelegten Eingangsinformation T_j direkt eine mit T_j verträgliche Hypothese $\beta(n)$ konstruiert, für die gilt:

1. $\beta(n)$ ist bezüglich β die erste Hypothese, die mit T_j verträglich ist.
2. Es gibt keine mit T_j verträgliche Hypothese, deren Kompliziertheit kleiner ist als die von $\beta(n)$.

Es sei hier nochmals darauf hingewiesen, daß durch die erste Forderung der Gesamtprozeß ein Erkennungsverfahren durch Aufzählung ist und somit gesichert ist, daß die Folge der ausgegebenen Hypothesen nach endlicher Zeit stationär wird.

Ein solcher Algorithmus $\mathfrak{A}$ ist natürlich nicht für alle möglichen Hypothesenmengen und für alle möglichen Kompliziertheitsmaße konstruierbar. Die Forderung nach einem effektiven und praktikablen direkten Übergang von T zu der bezüglich β ersten Hypothese, die mit T verträglich ist, stellt gewisse Anforderungen an die Struktur der Hypothesen, während die Bedingung, daß die erste Hypothese gleichzeitig am einfachsten (bezüglich eines vorgegebenen Kompliziertheitsmaßes K) ist, bedeutet, daß es sich bei der Numerierung β um eine OCCAM-Numerierung von $\mathfrak{H}$ bezüglich K

[1]) Gemeint ist hier die Beschreibungskompliziertheit (vgl. GRUSKA [6]).

handelt. Dabei legen wir fest: eine Numerierung β: $\mathbb{N} \mapsto\!\!\!\to \mathfrak{H}$ heißt OCCAM-Numerierung von $\mathfrak{H}$ bezüglich K, wenn aus $n_1 < n_2$ stets $K(\beta(n_1)) \leqq K(\beta(n_2))$ folgt (vgl. [2]).

In der vorliegenden Arbeit werden zwei Beispiele für Algorithmen der angegebenen Art vorgestellt. Als Hypothesenmengen werden Mengen von regulären bzw. linearen Normaltermen[1]) über einem festen Alphabet X verwendet, und als Kompliziertheitsmaß wählen wir die Länge dieser Terme (vgl. Abschnitt 2.1). Da bei entsprechender Interpretation die regulären bzw. linearen Normalterme über einem Alphabet X alle regulären bzw. linearen Sprachen über X beschreiben, ergeben sich aus der vorliegenden Arbeit je ein Algorithmus für die Erkennung der regulären und der linearen Sprachen.

Der Autor ist sich bewußt, daß die Verwendung von Normaltermen als Hypothesen und ihrer Länge als Kompliziertheitsmaß sicherlich diskussionswürdig ist, da beim Übergang von einem beliebigen Term zu einem äquivalenten Normalterm die Länge zunimmt. Die wichtigste Rechtfertigung für diese Wahl besteht in der Möglichkeit, praktikable Erkennungsalgorithmen mit den angegebenen Optimalitätseigenschaften zu konstruieren. Solche Algorithmen können natürlich auch mit anderen Hypothesenmengen und anderen Kompliziertheitsmaßen konstruiert werden, obwohl bei weitem nicht alle Kompliziertheitsmaße von Beschreibungen kontextfreier Sprachen, wie sie z.B. von GRUSKA [6] ausführlich untersucht wurden, OCCAM-Numerierungen zulassen. Die im folgenden dargelegten Erkennungsalgorithmen können deshalb nur als Anregungen für tieferliegende und weiterführende Untersuchungen zu Erkennungsalgorithmen mit Optimalitätseigenschaften dienen.

Im Abschnitt 2 wird ein Erkennungsalgorithmus für reguläre Sprachen vorgestellt, wobei zunächst Normalterme und eine OCCAM-Numerierung für Normalterme behandelt werden. Den zweiten Teil dieses Abschnitts bildet die Diskussion eines entsprechenden Erkennungsverfahrens, während im dritten Teil ein Beispiel für die Arbeitsweise dieses Algorithmus dargelegt ist. Den gleichen Inhalt weist Abschnitt 3 auf, nur werden hier lineare Sprachen zugrunde gelegt. Da eine unmittelbare Übertragung der hier verwendeten Methoden auf die Erkennung von kontextfreien Sprachen nicht möglich ist, wurde an dieser Stelle auf eine Diskussion von Erkennungsalgorithmen mit Optimalitätseigenschaften für kontextfreie Sprachen verzichtet.

Es ist mir ein Bedürfnis, den Herren Prof. Dr. H. THIELE (Berlin), Prof. Dr. R. LINDNER (Jena) und Dr. G. WECHSUNG (Jena) für das fördernde Interesse am Entstehen dieser Arbeit zu danken.

2. Ein Erkennungsalgorithmus für reguläre Sprachen

2.1. Eine Occam-Numerierung regulärer Normalterme

Wie schon in der Einleitung vermerkt, ist es zweckmäßig, als Hypothesen gewisse spezielle reguläre Terme zu verwenden, die wir im folgenden definieren wollen. Dabei sei $X = \{\mathsf{x}_1, \dots, \mathsf{x}_k\}$ ein endliches Alphabet.

Definition 2.1.

(a) (1) Die Elemente der Menge X sind Fundamentalterme über X.

(2) Sind die Zeichenreihen Z_1 und Z_1 Fundamentalterme über X, so ist auch $Z_1 \cdot Z_2$ ein Fundamentalterm über X.[2])

---

[1]) Eine algebraische Charakterisierung der linearen Sprachen wurde von WECHSUNG [13] angegeben. Daraus ergibt sich die Möglichkeit, auch lineare Sprachen durch Terme eines geeigneten Kalküls zu beschreiben.

[2]) Zeichenreihen der Form $Z_1 \cdot Z_2$ werden im folgenden in der Form Z_1Z_2 geschrieben.

(3) Ist die Zeichenreihe Z ein Fundamentalterm über X und hat Z nicht die Form $\langle Z' \rangle$, wobei Z' ein Fundamentalterm über X ist, so ist $\langle Z \rangle$ ein Fundamentalterm über X.

(4) Eine Zeichenreihe heißt nur dann ***Fundamentalterm***, wenn dies auf Grund von (1), (2), (3) der Fall ist.

(b) Sind $\mathsf{r}_1, \dots, \mathsf{r}_l$ Fundamentalterme über X, so heißt ein Term der Form $\mathsf{r}_1 \vee \mathsf{r}_2 \vee \cdots \vee \mathsf{r}_l$ *Normalterm* über X, für jede natürliche Zahl $l > 0$.

Mit F_X bzw. N_X bezeichnen wir die Menge aller Fundamentalterme bzw. aller Normalterme über X. In gewohnter Weise nennen wir $Z_1 Z_2$ bzw. $Z_1 \vee Z_2$ das *Produkt* bzw. die *Alternative* der Terme Z_1 und Z_2 und $\langle Z \rangle$ die *Iteration* des Termes Z. Als *Interpretation* φ der Normalterme über X verwenden wir die Standardinterpretation (vgl. z.B. [7, 9]) mit der Nebenbedingung, daß in der Interpretation der Iteration das leere Wort nicht enthalten ist. Es ist unschwer nachzuweisen, daß es zu jeder regulären Sprache $L \subseteqq X^*$ einen Normalterm $\mathsf{t} \in \mathsf{N}_X$ derart gibt, daß $\varphi(\mathsf{t}) = L$ gilt[1]). Damit ist die schon angedeutete Beschränkung auf Normalterme als Hypothesen gerechtfertigt.

Eine Abbildung $\mathsf{l}\colon \mathsf{N}_X \mapsto N$ wollen wir *Längenfunktion* nennen, wenn für $\mathsf{t} \in \mathsf{N}_X$ der Wert von $\mathsf{l}(\mathsf{t})$ gleich der Anzahl der Stellen in t ist, an denen Buchstaben aus X stehen. Der Wert $\mathsf{l}(\mathsf{t})$ heißt *Länge* von t. So gilt z.B. $\mathsf{l}(\mathsf{a}\langle \mathsf{b} \rangle \vee \mathsf{c} \vee \langle\langle \mathsf{aa} \rangle \langle \mathsf{c} \rangle\rangle \vee \langle \mathsf{bd} \rangle) = 8$. Weiter vereinbaren wir: $\mathsf{F}_{X,\lambda} =_{\mathrm{Df}} \{\mathsf{t} \mid \mathsf{t} \in \mathsf{F}_X \wedge \mathsf{l}(\mathsf{t}) = \lambda\}$ und $\mathsf{N}_{X,\lambda} =_{\mathrm{Df}} \{\mathsf{r} \mid \mathsf{r} \in \mathsf{N}_X \wedge \wedge\, \mathsf{l}(\mathsf{r}) = \lambda\}$.

Aus der Definition der Normalterme ergibt sich, daß die Mengen $\mathsf{N}_{X,\lambda}$ für jedes $\lambda \geqq 1$ endlich sind. Eine Numerierung der Menge N_X verschaffen wir uns dadurch, daß diese Menge geeignet geordnet wird. Diese Ordnung wird so geartet sein, daß man von einem Normalterm $\mathsf{t} \in \mathsf{N}_X$ effektiv zu seinem unmittelbaren Nachfolger übergehen kann und das erste Element festgelegt ist. Wir denken uns nun die Elemente der Menge $\mathsf{N}_{X,1}$ in irgendeiner Weise untereinander aufgeschrieben, daran anschließend die der Menge $\mathsf{N}_{X,2}$ usw. Vereinbaren wir $\mathsf{N}_{X,\lambda} =_{\mathrm{Df}} \{\mathsf{t}_1^\lambda, \dots, \mathsf{t}_{n_\lambda}^\lambda\}$, so ergibt sich folgendes Numerierungsprinzip der Menge N_X:

Nummer n		Term $\beta(n)$
0	--------	t_1^1
1	--------	t_2^1
⋮		⋮
$n_1 - 1$	-------	$\mathsf{t}_{n_1}^1$
n_1	--------	t_1^2
⋮		⋮

Offensichtlich ist diese Numerierung schon eine OCCAM-Numerierung von N_X bezüglich l; denn es gilt für alle natürlichen Zahlen n_1 und n_2: Ist $n_1 < n_2$, so gilt $\mathsf{l}(\beta(n_1)) \leqq \leqq \mathsf{l}(\beta(n_2))$. Entsprechend unserer Zielstellung können die Elemente innerhalb einer jeden Menge $\mathsf{N}_{X,\lambda}$ jedoch nicht beliebig angeordnet werden, sondern es muß eine für unser Problem nützliche Ordnung der Mengen $\mathsf{N}_{X,\lambda}$ definiert werden. Dazu stellen wir zunächst die Frage: Auf welche Weisen kann die Länge λ entstehen? Diese Frage ist offensichtlich äquivalent mit der folgenden: Auf welche Weisen kann die natürliche Zahl λ in natürliche Summanden größer Null zerlegt werden? Jeder Summand wird dabei interpretiert als Länge eines Fundamentalterms.

Es sei S_λ die Menge aller Vektoren mit natürlichen Komponenten größer Null, deren Komponentensumme gleich λ ist. Die Komponenten eines jeden Vektors aus

---

[1]) Wir beschränken uns hier der Einfachheit halber nur auf nichtleere Sprachen, in denen das leere Wort nicht vorkommt.

S_λ werden nun so umgestellt, daß sie von links nach rechts nach wachsenden Zahlenwerten geordnet sind. So wird z. B. der Vektor $[3,1,3,2,4] \in S_{13}$ in den gleichwertigen Vektor $[1,2,3,3,4]$ umgewandelt. Die so genormten Vektoren werden jetzt in üblicher Weise lexikographisch geordnet, wobei die Ordnung der natürlichen Zahlen als Alphabetordnung zugrunde gelegt wird. Dabei wird vereinbart, daß die Elemente von S_λ entsprechend dieser Ordnung von oben nach unten aufgeschrieben werden. Für die Menge S_5 erhalten wir somit z. B.

$$[1,1,1,1,1]$$
$$[1,1,1,2]$$
$$[1,1,3]$$
$$[1,2,2]$$
$$[1,4]$$
$$[2,3]$$
$$[5]$$

Es sei nun $\mathfrak{t} = \mathfrak{r}_1 \vee \mathfrak{r}_2 \vee \cdots \vee \mathfrak{r}_{l_t}$ ein Normalterm über X. Den Vektor $\sigma(\mathfrak{t})$ mit den Komponenten $\mathfrak{l}(\mathfrak{r}_1), \ldots, \mathfrak{l}(\mathfrak{r}_{l_t})$ wollen wir *Längenvektor* von $\mathfrak{t}$ nennen, wobei wir die Komponenten wiederum nach wachsender Größe anordnen. Also gilt z. B.

$$\sigma(\mathfrak{a}\langle\mathfrak{b}\rangle\langle\mathfrak{ca}\rangle \vee \mathfrak{ab} \vee \langle\mathfrak{a}\rangle\langle\langle\mathfrak{b}\rangle\mathfrak{c}\rangle) = [2,3,4]\,.$$

Jedem Vektor $s_i^\lambda \in S_\lambda$ wird nun die Menge $\mathsf{N}_X^{s_i^\lambda}$ aller der Normalterme $\mathfrak{t}$ über X zugeordnet, für die $\sigma(\mathfrak{t}) = s_i^\lambda$ gilt. Das noch verbleibende Problem besteht jetzt darin, die Mengen $\mathsf{N}_X^{s_i^\lambda}$ geeignet zu ordnen. Dazu ist es zunächst notwendig, eine Ordnung in den Mengen $\mathsf{F}_{X,\lambda}$ einzuführen. Die Elemente der Mengen $\mathsf{F}_{X,\lambda}$ sind Zeichenreihen über dem Alphabet $X \cup \{\langle, \rangle\}$. Legen wir fest „$\mathfrak{x}_1$ vor $\mathfrak{x}_2$ vor ... vor $\mathfrak{x}_k$ vor $\langle$ vor $\rangle$", so können die Fundamentalterme auf $\mathsf{F}_{X,\lambda}$ in üblicher Weise lexikographisch geordnet werden. So wird z. B. für $Y = \{\mathfrak{a}, \mathfrak{b}\}$ die Menge $\mathsf{F}_{Y,2}$ wie folgt angeordnet:

$\mathfrak{aa}$	$\mathfrak{b}\langle\mathfrak{a}\rangle$	$\langle\mathfrak{a}\rangle\mathfrak{a}$	$\langle\mathfrak{b}\langle\mathfrak{a}\rangle\rangle$	$\langle\langle\mathfrak{a}\rangle\mathfrak{a}\rangle$	$\langle\langle\mathfrak{b}\rangle\langle\mathfrak{a}\rangle\rangle$
$\mathfrak{ab}$	$\mathfrak{b}\langle\mathfrak{b}\rangle$	$\langle\mathfrak{a}\rangle\mathfrak{b}$	$\langle\mathfrak{b}\langle\mathfrak{b}\rangle\rangle$	$\langle\langle\mathfrak{a}\rangle\mathfrak{b}\rangle$	$\langle\langle\mathfrak{b}\rangle\langle\mathfrak{b}\rangle\rangle$
$\mathfrak{a}\langle\mathfrak{a}\rangle$	$\langle\mathfrak{aa}\rangle$	$\langle\mathfrak{a}\rangle\langle\mathfrak{a}\rangle$	$\langle\mathfrak{b}\rangle\mathfrak{a}$	$\langle\langle\mathfrak{a}\rangle\langle\mathfrak{a}\rangle\rangle$	
$\mathfrak{a}\langle\mathfrak{b}\rangle$	$\langle\mathfrak{ab}\rangle$	$\langle\mathfrak{a}\rangle\langle\mathfrak{b}\rangle$	$\langle\mathfrak{b}\rangle\mathfrak{b}$	$\langle\langle\mathfrak{a}\rangle\langle\mathfrak{b}\rangle\rangle$	
$\mathfrak{ba}$	$\langle\mathfrak{a}\langle\mathfrak{a}\rangle\rangle$	$\langle\mathfrak{ba}\rangle$	$\langle\mathfrak{b}\rangle\langle\mathfrak{a}\rangle$	$\langle\langle\mathfrak{b}\rangle\mathfrak{a}\rangle$	
$\mathfrak{bb}$	$\langle\mathfrak{a}\langle\mathfrak{b}\rangle\rangle$	$\langle\mathfrak{bb}\rangle$	$\langle\mathfrak{b}\rangle\langle\mathfrak{b}\rangle$	$\langle\langle\mathfrak{b}\rangle\mathfrak{b}\rangle$	

Aus dieser Ordnung innerhalb der Mengen $\mathsf{F}_{X,\lambda}$ konstruieren wir nun eine Ordnung in den Mengen $\mathsf{N}_X^{s_i^\lambda}$. Es sei $s_i^\lambda = [\alpha_1, \ldots, \alpha_{\varkappa_i}]$. Dann definieren wir eine Abbildung c von $\mathsf{N}_X^{s_i^\lambda}$ in $\underset{\varkappa_i}{\times} (\mathbb{N} \setminus \{0\})$ auf folgende Weise: Ist $\mathfrak{r} = \mathfrak{t}_1 \vee \cdots \vee \mathfrak{t}_{\varkappa_i} \in \mathsf{N}_X^{s_i^\lambda}$, so ist $c(\mathfrak{r}) = [n_1, \ldots, n_{\varkappa_i}]$, wobei n_j die Nummer des Termes $\mathfrak{t}_j$ in $\mathsf{F}_{X,\mathfrak{l}(\mathfrak{t}_j)}$ (entsprechend der oben angegebenen Ordnung der Mengen $\mathsf{F}_{X,\lambda}$) ist $(1 \leqq j \leqq \varkappa_i)$. Diese Abbildung ist jedoch i. allg. keine Funktion, da der Übergang von $\mathfrak{t}$ zu $c(\mathfrak{t})$ in den Fällen, in denen in s_i^λ mehrere gleiche Komponenten vorkommen, nicht eindeutig ist. So würde z. B. für $\mathfrak{t} = \langle\mathfrak{a}\rangle \vee \langle\mathfrak{ab}\rangle \vee \langle\mathfrak{b}\rangle\mathfrak{a} \in \mathsf{N}_Y^{s_4^5}$ gelten, daß $c(\mathfrak{t}) = [3, 9, 21]$ und gleichzeitig $c(\mathfrak{t}) = [3, 21, 9]$ wäre. In einem solchen Falle wird dem Term dasjenige Zahlentupel zugeordnet, das lexikographisch (gemäß der Ordnung der natürlichen Zahlen) vor allen anderen steht. In unserem Beispiel gilt also $c(\langle\mathfrak{a}\rangle \vee \langle\mathfrak{ab}\rangle \vee \langle\mathfrak{b}\rangle\mathfrak{a}) = [3, 9, 21]$. Damit haben wir eine (sogar eineindeutige) Codierung der Elemente von $\mathsf{N}_X^{s_i^\lambda}$ durch gewisse Vektoren mit ganzzahligen positiven Komponenten konstruiert, und es bereitet nun keine

Schwierigkeiten mehr, die Mengen $\mathsf{N}_X^{s_i^\lambda}$ zu ordnen, indem die Codevektoren lexikographisch geordnet werden und die Normalterme aus $\mathsf{N}_X^{s_i^\lambda}$ diesen Vektoren auf die oben beschriebene Weise zugeordnet werden. Damit ist die Konstruktion einer Aufzählung aller Normalterme über X abgeschlossen. In der nachfolgenden Skizze ist das Aufzählungsschema noch einmal zusammenfassend dargestellt. Die gesuchte Aufzählung erhält man, indem man die an der rechten Außenkante des Schemas stehenden Normalterme von oben nach unten durchnumeriert.

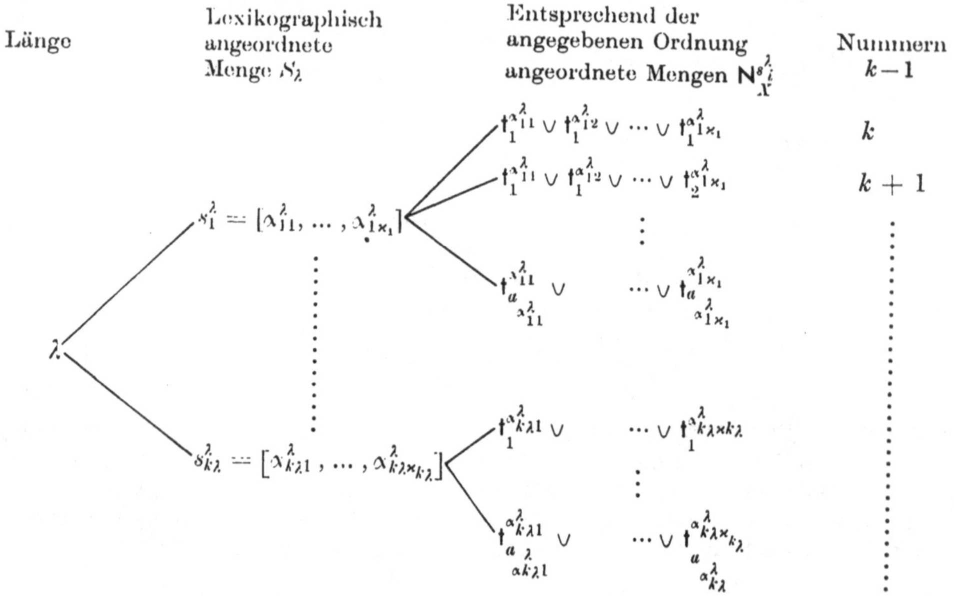

Dabei bezeichnet $\mathfrak{t}_k^{\alpha_{ij}^\lambda}$ den k-ten Fundamentalalterm aus $\mathsf{F}_{X,\alpha_{ij}^\lambda}$ und $a_{\alpha_{ij}^\lambda}$ die Kardinalzahl von $\mathsf{F}_{X,\alpha_{ij}^\lambda}$.

2.2. Konstruktion eines Erkennungsverfahrens für reguläre Sprachen

Wir konstruieren nun einen Algorithmus, mit dessen Hilfe aus einer vorgelegten endlichen Informationsmenge $\mathsf{T} \subseteqq \Gamma_{\chi_L}$ direkt ein Normalterm $\mathsf{H}(\mathsf{T})$ (als Hypothese) konstruiert werden kann, der bezüglich β der erste ist, der der Bedingung $\mathsf{T} \subseteqq \Gamma_{\chi_{\mathsf{H}(\mathsf{T})}}$ genügt.

Durch die Notwendigkeit, jeden Schritt des Algorithmus entsprechend zu motivieren und zu begründen, weichen die folgenden Darlegungen etwas von der sonst üblichen Darstellungsweise von Algorithmen ab. Im nächsten Abschnitt wird jedoch ein Beispiel angegeben, aus dem die Aufeinanderfolge der einzelnen Handlungsabläufe deutlich hervorgeht. Um ein paralleles Durcharbeiten der Beschreibung des Algorithmus und des Beispiels zu erleichtern, wurden inhaltlich zusammenhängende Teile durch gleiche Buchstaben (**A**), (**B**), (**C**), ... gekennzeichnet.

(**A**) Es sei eine Informationsmenge T gegeben. Gilt für eine Hypothese $\mathfrak{t} \in \mathsf{N}_X$ die Bedingung $\mathsf{T} \subseteqq \Gamma_{\chi_\mathfrak{t}}$, so nennen wir $\mathfrak{t}$ mit T *verträglich* und notieren dies durch $\mathfrak{t}\mathsf{v}\mathsf{T}$. Aus der Menge T bilden wir die Mengen $\mathsf{T}^1 =_{\mathrm{Df}} \{p \mid [p, 1] \in \mathsf{T}\}$ und $\mathsf{T}^0 =_{\mathrm{Df}} \{q \mid [q, 0] \in \mathsf{T}\}$ und vereinbaren $\mathsf{T}^1 = \{p_1, \dots, p_n\}$ und $\mathsf{T}^0 = \{q_1, \dots, q_m\}$. Ist $\mathsf{T}' \subseteqq \mathsf{T}^1$, so schreiben wir $\mathfrak{t}\mathsf{v} \circ \mathsf{T}'$, falls $\mathfrak{t}\mathsf{v}\{[p, 1] \mid p \in \mathsf{T}'\} \cup \{[q, 0] \mid q \in \mathsf{T}^0\}$ gilt. Gilt für eine

Wortmenge $W \subseteq X^*$ und einen Term $\mathfrak{t} \in \mathsf{N}_X$, daß $W \subseteq \varphi(\mathfrak{t})$ ist, so werden wir zuweilen auch sagen, daß W von $\mathfrak{t}$ erzeugt wird.

Eines der wichtigsten Probleme bei der Auffindung von $\mathsf{H}(\mathsf{T})$ besteht darin, die Mengen der Wörter aus T^1 zu finden, die von einem Fundamentalterm $\mathfrak{t}$ erzeugt werden können, ohne daß dabei ein Element aus T^0 erzeugt wird.

Bezeichnen wir für $\mathfrak{t} \in \mathsf{F}_X$ durch $b(\mathfrak{t})$ die Menge der Buchstaben aus X, die in $\mathfrak{t}$ vorkommen, durch $a(\mathfrak{t})$ den ersten Buchstaben und durch $e(\mathfrak{t})$ den letzten Buchstaben von $\mathfrak{t}$, so können wir das folgende, sofort einzusehende, Lemma formulieren, das eine notwendige Bedingung dafür angibt, daß eine Wortmenge $W \subseteq X^*$ von einem Fundamentalterm erzeugt werden kann. (Dabei denken wir uns die Funktionen b, a, e auf X^* übertragen, indem wir die Wörter aus X^* als spezielle (iterationsfreie) Fundamentalterme auffassen.)

Lemma 2.2.[1]) *Es sei* $\mathfrak{t} \in \mathsf{F}_X$ *und* $W \subseteq X^*$. *Dann gilt*

$$W \subseteq \varphi(\mathfrak{t}) \to \forall p\big(p \in W \to b(p) = b(\mathfrak{t}) \wedge a(p) = a(\mathfrak{t}) \wedge e(p) = e(\mathfrak{t})\big)\,.$$

Mehrere Wörter, die durch einen Fundamentalterm erzeugt werden können, müssen also genau die gleichen Buchstaben enthalten, mit dem gleichen Buchstaben beginnen und mit dem gleichen Buchstaben enden. Dies gibt Anlaß zu der folgenden

Definition 2.3. Es seien $p_1, p_2 \in X^*$. p_1 heißt *äquivalent* zu p_2 $(p_1 \sim p_2) =_{\mathrm{Df}}$

$$b(p_1) = b(p_2) \wedge a(p_1) = a(p_2) \wedge e(p_1) = e(p_2)\,.$$

Die Relation $\sim$ ist offensichtlich eine Äquivalenzrelation auf X^*, und wir können somit die Menge T^1 nach dieser Relation zerlegen. Es sei $\mathsf{T}^1/\!\sim\, = \{\mathsf{T}_1, \ldots, \mathsf{T}_{u_\mathsf{T}}\}$. Weiterhin sei $\mathsf{H}(\circ\, \mathsf{T}_j)$ der bezüglich β erste Normalterm $\mathfrak{t}$, für den gilt $\mathfrak{t} \mathsf{v} \circ \mathsf{T}_j$.

Dann gilt der

Satz 2.4. *Es ist*

$$\mathsf{H}(\mathsf{T}) = \bigcup_{i=1}^{u_\mathsf{T}} \mathsf{H}(\circ\, \mathsf{T}_i)\,.$$

Beweis. Es ist zu zeigen:

1. $\bigcup_{i=1}^{u_\mathsf{T}} \mathsf{H}(\circ\, \mathsf{T}_i)\, \mathsf{v} \mathsf{T}$

2. Von allen Normaltermen $\mathfrak{r}$ mit $\mathfrak{r}\mathsf{v}\mathsf{T}$ hat $\bigcup_{i=1}^{u_\mathsf{T}} \mathsf{H}(\circ\, \mathsf{T}_i)$ bezüglich β die kleinste Nummer.

Die erste Bedingung gilt offensichtlich, so daß wir uns gleich dem Beweis der zweiten Bedingung zuwenden können.

Wir nehmen an, daß ein Normalterm $\bar{\mathfrak{r}}$ existiert, der bezüglich β eine kleinere Nummer hat als $\bigcup_{i=1}^{u_\mathsf{T}} \mathsf{H}(\circ\, \mathsf{T}_i)$ und der Bedingung $\bar{\mathfrak{r}}\mathsf{v}\mathsf{T}$ genügt. Wir führen nun alle Möglichkeiten, die zu einem solchen $\bar{\mathfrak{r}}$ führen können einzeln zum Widerspruch. Bei dem nachfolgenden Beweis ist es nützlich, das am Ende von Abschnitt 2.1 angegebene Aufzählungsschema zu betrachten.

1. Fall. Annahme: $\bar{\mathfrak{r}}\mathsf{v}\mathsf{T}$ und $\mathsf{l}(\bar{\mathfrak{r}}) < \mathsf{l}\left(\bigcup_{i=1}^{u_\mathsf{T}} \mathsf{H}(\circ\, \mathsf{T}_i)\right)$. — Da $\bar{\mathfrak{r}}$ ein Normalterm ist, hat er die Form $\bar{\mathfrak{r}} = \mathfrak{t}_1 \vee \mathfrak{t}_2 \vee \cdots \vee \mathfrak{t}_{k_{\bar{\mathfrak{r}}}}$ mit $\mathfrak{t}_\varkappa \in \mathsf{F}_X$ für $1 \leqq \varkappa \leqq k_{\bar{\mathfrak{r}}}$. Wir bringen an die

[1]) Dieses Lemma kann noch verschärft werden. So kann z.B. noch die Reihenfolge der Buchstaben in den Wörtern beachtet werden (vgl. Schirrmeister, Entwurf Diss. A, Rechenzentrum der FSU Jena).

Fundamentalterme von $\bar{r}$ eine zweite (obere) Indizierung nach folgendem Prinzip an: Der Fundamentalterm $t_\varkappa$ erhält den oberen Index j genau dann, wenn $t_\varkappa \sim T_j$[1]) $(1 \leqq j \leqq u_T)$ gilt. Gemäß dieser Indizierung kann eine Umordnung der Fundamentalterme von $\bar{r}$ so erfolgen, daß Gruppen von Fundamentaltermen mit gleichen oberen Indizes zusammengefaßt werden. Wir erhalten folgende Darstellung:

$$\bar{r} = t_1^1 \vee t_2^1 \vee \cdots \vee t_{n_1}^1 \vee t_1^2 \vee \cdots \vee t_{n_2}^2 \vee \cdots \vee t_1^{u_T} \vee \cdots \vee t_{n_{u_T}}^{u_T} .$$

Setzen wir $\bar{r}_j =_{Df} t_1^j \vee \cdots \vee t_{n_j}^j$, so ergibt sich $\bar{r} = \bar{r}_1 \vee \cdots \vee \bar{r}_{u_T}$. Da $\bar{r}vT$ vorausgesetzt war, muß gelten:

$$\forall j (j \in \{1, \ldots u_T\} \to \bar{r}_j v \circ T_j) .$$

Ist nun $l(\bar{r}) < l\left(\bigcup_{i=1}^{u_T} H(\circ T_i)\right)$, so muß es ein $j \in \{1, \ldots, u_T\}$ derart geben, daß $l(\bar{r}_j) < l(H(\circ T_j))$ gilt. Das ist jedoch ein Widerspruch zur Definition von $H(\circ T_j)$. Der Normalterm $\bar{r}$ kann also nur die gleiche Länge haben wie $\bigcup_{i=1}^{u_T} H(\circ T_i)$.

2. Fall. Annahme: Es gilt $\bar{r}vT$ und $l(\bar{r}) = l\left(\bigcup_{i=1}^{u_T} H(\circ T_i)\right)$, aber der Längenvektor $\sigma(\bar{r})$ steht lexikographisch vor $\sigma\left(\bigcup_{i=1}^{u_T} H(\circ T_i)\right)$. — Folglich existiert eine natürliche Zahl ω derart, daß $\bar{r}$ mehr Fundamentalterme der Länge ω besitzt als $\bigcup_{i=1}^{u_T} H(\circ T_i)$ und die Normalterme $\bar{r}$ und $\bigcup_{i=1}^{u_T} H(\circ T_i)$ haben gleichviel Fundamentalterme der Länge ω' wobei $\omega' < \omega$ gilt. Wir bringen an die Fundamentalterme von $\bar{r}$ und $\bigcup_{i=1}^{u_T} H(\circ T_i)$ in der unter Fall 1 angegebenen Weise die oberen Indizes an. Dann muß es ein j $(1 \leqq j \leqq u_T)$ derart geben, daß $\bar{r}_j$ mehr Fundamentalterme der Länge ω besitzt als $H(\circ T_j)$ und die Normalterme $\bar{r}_j$ und $H(\circ T_j)$ haben die gleiche Anzahl von Fundamentaltermen, die eine kleinere Länge haben als ω. Folglich steht der Längenvektor $\sigma(\bar{r}_j)$ vor $\sigma(H(\circ T_j))$, was im Widerspruch zur Definition von $H(\circ T_j)$ steht.

3. Fall. Annahme: Es gilt $\bar{r}vT$ und $l(r) = l\left(\bigcup_{i=1}^{u_T} H(\circ T_i)\right)$ und $\sigma(\bar{r}) = \sigma\left(\bigcup_{i=1}^{u_T} H(\circ T_i)\right)$, aber $c(\bar{r})$ steht lexikographisch vor $c\left(\bigcup_{i=1}^{u_T} H(\circ T_i)\right)$. — Es sei

$$c\left(\bigcup_{i=1}^{u_T} H(\circ T_i)\right) = [\nu_1, \nu_2, \ldots, \nu_\varkappa, \ldots, \nu_k]$$

und

$$c(\bar{r}) = [\bar{\nu}_1, \bar{\nu}_2, \ldots, \bar{\nu}_\varkappa, \ldots, \bar{\nu}_k] .$$

Dann ergibt sich aus der Annahme, daß eine natürliche Zahl $\varkappa$ $(1 \leqq \varkappa \leqq k)$ derart existiert, daß gilt $\bar{\nu}_\varkappa < \nu_\varkappa$ und $\forall \varkappa' (\varkappa' \in \{1, \ldots, \varkappa - 1\} \to \bar{\nu}_{\varkappa'} = \nu_{\varkappa'})$. Wir bezeichnen mit $t(\nu)$ den Fundamentalterm mit der Nummer ν aus der entsprechenden, durch die Komponenten der Längenvektoren festgelegten, Menge von Fundamentaltermen. Weiterhin definieren wir $\lambda_\varkappa =_{Df} l(t(\bar{\nu}_\varkappa))$. Wir können somit natürliche Zahlen $\xi^{\lambda_\varkappa}$ und

---

[1]) Wir setzen o.B.d.A. voraus, daß in r keine Fundamentalterme vorkommen, die kein Wort aus T^1 erzeugen und somit überflüssig sind. Damit kann wegen der Bedingung $\bar{r}vT$ an jeden Fundamentalterm von $\bar{r}$ genau ein oberer Index angebracht werden.

$\eta^{\lambda_\varkappa}$ derart finden, daß $\nu_{\xi^{\lambda_\varkappa}}$ die Nummer des ersten Fundamentalterms mit der Länge $\lambda_\varkappa$ und $\nu_{\eta^{\lambda_\varkappa}}$ die des letzten solchen Fundamentaltermes von $\bigcup_{i=1}^{u_\mathsf{T}} \mathsf{H}(\circ\, \mathsf{T}_i)$ ist. Analoges gilt für $\bar{\nu}_{\xi^{\lambda_\varkappa}}$ und $\bar{\nu}_{\eta^{\lambda_\varkappa}}$ bezüglich $\bar{\mathsf{r}}$. Wir blenden somit sozusagen aus den charakteristischen Zahlentupeln $c\left(\bigcup_{i=1}^{u_\mathsf{T}} \mathsf{H}(\circ\, \mathsf{T}_i)\right)$ und $c(\bar{\mathsf{r}})$ diejenigen Teiltupel heraus, die Fundamentalterme der gleichen Länge wie $\mathfrak{t}(\bar{\nu}_\varkappa)$ repräsentieren. Es seien

$$\nu_{\xi^{\lambda_\varkappa}}, \nu_{\xi^{\lambda_\varkappa}+1}, \ldots, \nu_\varkappa, \ldots, \nu_{\eta^{\lambda_\varkappa}}$$

und

$$\bar{\nu}_{\xi^{\lambda_\varkappa}}, \bar{\nu}_{\xi^{\lambda_\varkappa}+1}, \ldots, \bar{\nu}_\varkappa, \ldots, \bar{\nu}_{\eta^{\lambda_\varkappa}}$$

diese Teiltupel. Da alle Fundamentalterme, die durch diese Nummern repräsentiert werden, die gleiche Länge haben, gilt gemäß unserer Anordnungsvereinbarung

$$\nu_{\xi^{\lambda_\varkappa}} < \nu_{\xi^{\lambda_\varkappa}+1} < \cdots < \nu_\varkappa < \cdots < \nu_{\eta^{\lambda_\varkappa}}$$

und

$$\bar{\nu}_{\xi^{\lambda_\varkappa}} < \bar{\nu}_{\xi^{\lambda_\varkappa}+1} < \cdots < \bar{\nu}_\varkappa < \cdots < \bar{\nu}_{\eta^{\lambda_\varkappa}}.$$

Da sich an der Stelle $\varkappa$ die schon erwähnte Unterscheidungsstelle der beiden Tupel befindet, gilt $\bar{\nu}_\varkappa < \nu_\varkappa$ und

$$\forall \varkappa' (\varkappa' \in \{\xi^{\lambda_\varkappa}, \ldots, \varkappa - 1\} \to \nu_{\varkappa'} = \bar{\nu}_{\varkappa'})\,.$$

Wir wählen aus den beiden Teiltupeln unter den Nummern $\nu_{\xi^{\lambda_\varkappa}}, \ldots, \nu_{\varkappa-1}$ bzw. $\bar{\nu}_{\xi^{\lambda_\varkappa}}, \ldots, \bar{\nu}_{\varkappa-1}$ diejenigen Zahlen ν heraus, für die gilt $\mathfrak{t}(\nu) \sim \mathfrak{t}(\bar{\nu}_\varkappa)$. Es sei $\mathfrak{t}(\bar{\nu}_\varkappa) \sim \mathsf{T}_j$. Wir erhalten somit zwei Folgen $\nu_1^j, \ldots, \nu_{k_j}^j$ und $\bar{\nu}_1^j, \ldots, \bar{\nu}_{k_j}^1$ die elementweise übereinstimmen. Da für jede natürliche Zahl ι mit $1 \leqq \iota \leqq k_j$ die Beziehung $\mathfrak{t}(\nu_\iota^j) \sim \mathfrak{t}(\bar{\nu}_\varkappa)$ gilt, ist das $(k_j + 1)$-te Element der zweiten Folge die Zahl $\bar{\nu}_\varkappa$. Wir erhalten somit folgende Konstellation:

$$\nu_1^j, \nu_2^j, \ldots, \nu_{k_j}^j$$
$$\bar{\nu}_1^j, \bar{\nu}_2^j, \ldots, \bar{\nu}_{k_j}^j, \bar{\nu}_\varkappa\,.$$

Wie man sich leicht überlegt, folgt aus den im dritten Fall gemachten Voraussetzungen

$$\forall i \big(i \in \{1, \ldots, u_\mathsf{T}\} \to \sigma(\bar{\mathsf{r}}_i) = \sigma(\mathsf{H}(\circ\, \mathsf{T}_i))\big)\,.$$

Demnach muß es eine Zahl $\nu' \in \{\nu_\varkappa, \ldots, \nu_{\eta^{\lambda_\varkappa}}\}$ derart geben, daß $\mathfrak{t}(\nu') \sim \mathfrak{t}(\bar{\nu}_\varkappa)$ gilt. Aus den obigen Überlegungen folgt aber sofort, daß $\bar{\nu}_\varkappa < \nu'$ sein muß. Das ist aber gleichbedeutend damit, daß $c(\bar{\mathsf{r}}_j)$ lexikographisch vor $c\big(\mathsf{H}(\circ\, \mathsf{T}_j)\big)$ steht, was auf Grund der Definition von $\mathsf{H}(\circ\, \mathsf{T}_j)$ nicht möglich sein kann.

Damit ist der Beweis von Satz 2.3 beendet, und das Problem der Konstruktion von $\mathsf{H}(\mathsf{T})$ wurde auf das Problem der Auffindung der Terme $\mathsf{H}(\circ\, \mathsf{T}_i)$ für $1 \leqq i \leqq u_\mathsf{T}$ zurückgeführt. Wenden wir uns nun dieser Aufgabe zu.

(**B**) Es sei eine Menge $\mathsf{T}_i =_{\mathrm{Df}} \{p_1^i, p_2^i, \ldots, p_{\tau_i}^i\}$ gegeben. Von jeder Teilmenge von T_i mit mindestens zwei Elementen muß zunächst festgestellt werden, ob sie von einem mit T^0 verträglichen[1]) Normalterm erzeugt werden kann oder nicht.

(**C**) Wir definieren deshalb $\mathfrak{P}_i =_{\mathrm{Df}} \{P_1^i, P_2^i, \ldots, P_{\pi_i}^i\}$ als Menge aller Teilmengen von T_i mit mindestens zwei Elementen.

Es seien $p_1, p_2 \in X^*$ und $\mathfrak{t} \in \mathsf{F}_X$. Offensichtlich gilt: Wenn $p_1, p_2 \in \varphi(\mathfrak{t})$ nicht gilt, so gilt auch nicht $W \subseteqq \varphi(\mathfrak{t})$ für jede Wortmenge W, die die Wörter p_1 und p_2 enthält. Es ist deshalb zweckmäßig, die Mengen aus $\mathfrak{P}_i$ in einer Reihenfolge zu testen, die auf der Grundlage wachsender Kardinalzahlen der Mengen P_j^i festgelegt ist; denn falls

[1]) D. h., der betreffende Normalterm erzeugt kein Element aus T^0.

eine Menge P_j^i nicht von einem Fundamentalterm erzeugt werden kann, so gilt dies auch für jede Obermenge von P_j^i. Die Menge P_j^i und alle ihre Obermengen können dann aus den weiteren Betrachtungen ausgeschlossen werden.

Zu jeder Menge $P_j^i \in \mathfrak{P}_i$ muß nun die Menge aller der mit T^0 verträglichen Fundamentalterme $\mathfrak{t}$ konstruiert werden, für die $P_j^i \subseteqq \varphi(\mathfrak{t})$ gilt. Dazu definieren wir:

Definition 2.5. Es seien $p \in X^*$ und $\lambda \in \mathbb{N}$ mit $\lambda \leqq \mathsf{l}(p)$. Das Wort p heißt auf λ *verkürzbar* $=_{\mathrm{Df}}$

$$\exists \mathfrak{t}\big(\mathfrak{t} \in \mathsf{F}_X \wedge p \in \varphi(\mathfrak{t}) \wedge \mathsf{l}(\mathfrak{t}) \leqq \lambda\big).$$

(**D**) Weiterhin legen wir fest: $\mu(W) =_{\mathrm{Df}} \min_{p \in W} \mathsf{l}(p)$, für $W \subseteqq X^*$. So ist z.B. das Wort **abababaaba** auf 3 verkürzbar; denn es gilt **abababaaba** $\in \varphi(\langle \mathsf{a}\langle \mathsf{ba}\rangle\rangle)$. Wählen wir beispielsweise $W' = \{$**abaaba, aba, abbbbaba**$\}$, so gilt $\mu(W') = 3$.

Aus der Definition der Interpretation φ ergibt sich, daß die minimale Wortlänge, die in $\varphi(\mathfrak{t})$ vorkommt ($\mathfrak{t}$ ist ein Fundamentalterm) gleich $\mathsf{l}(\mathfrak{t})$ ist. Ebenso überlegt man sich, daß es in einer von einem Fundamentalterm $\mathfrak{t}$ erzeugten Wortmenge $\varphi(\mathfrak{t})$ höchstens ein Wort der Länge $\mathsf{l}(\mathfrak{t})$ gibt. Damit ist das folgende Lemma klar:

Lemma 2.6.

(a) *Es sei* $\mathfrak{t} \in \mathsf{F}_X$. *Dann gilt:* $\forall p\big(p \in \varphi(\mathfrak{t}) \rightarrow \mathsf{l}(p) \geqq \mathsf{l}(\mathfrak{t})\big)$.

(b) *Gibt es in einer Wortmenge* $W \subseteqq X^*$ *zwei Wörter* p *und* p' *derart, daß* $\mathsf{l}(p) = \mathsf{l}(p') = \mu(W)$ *ist, so gilt:*

$$\forall \mathfrak{t}\big(\mathfrak{t} \in \mathsf{F}_X \wedge W \subseteqq \varphi(\mathfrak{t}) \rightarrow \mathsf{l}(\mathfrak{t}) < \mu(W)\big).$$

Mit diesem Lemma sind nun die nächsten Schritte des Algorithmus begründet. Es wird zunächst getestet, ob jedes Element von P_j^i auf $\mu(P_j^i)$ verkürzbar ist. Ist dies nicht der Fall, so streicht man P_j^i und alle Obermengen von P_j^i aus $\mathfrak{P}_i$ und geht zu einem neuen Element aus $\mathfrak{P}_i$ über. Sind jedoch alle Wörter aus P_j^i auf $\mu(P_j^i)$ verkürzbar, so wird geprüft, ob in P_j^i mehrere Wörter der Länge $\mu(P_j^i)$ existieren. Ist dies der Fall, so wird entsprechend der zweiten Aussage von Lemma 2.6 geprüft, ob alle Wörter aus P_j^i auf $\mu(P_j^i) - 1$ verkürzbar sind. Wenn das nicht möglich ist, erfolgt wiederum die Streichung von P_j^i und aller Obermengen von P_j^i aus $\mathfrak{P}_i$. Ist dies jedoch möglich bzw. ist die Voraussetzung von Lemma 2.6 (b) nicht erfüllt, so gibt es echte Chancen dafür, daß P_j^i von einem Fundamentalterm erzeugt werden kann.

Betrachten wir diesen Fall weiter:

Definition 2.7. (a) $V(p)$ heißt *Menge verkürzender Terme* des Wortes $p =_{\mathrm{Df}} V(p)$ ist die Menge aller Fundamentalterme $\mathfrak{t} \in \mathsf{F}_X$ mit $p \in \varphi(\mathfrak{t})$ und $\mathsf{l}(p) > \mathsf{l}(\mathfrak{t})$, und in $\mathfrak{t}$ können keine Iterationsklammern weggelassen werden, ohne daß die Eigenschaft $p \in \varphi(\mathfrak{t})$ verlorengeht.

(b) Es sei $\lambda \in \mathbb{N}$. Dann definieren wir $V^\lambda(p) =_{\mathrm{Df}} \{\mathfrak{t} \mid \mathfrak{t} \in V(p) \wedge \mathsf{l}(\mathfrak{t}) \leqq \lambda\}$.

Das folgende Beispiel soll diese Definition veranschaulichen. Es sei $p =$ **aabaab**. Dann gilt:

$$V(p) = \{\langle \mathsf{a}\rangle \mathsf{baab}, \mathsf{aab}\langle \mathsf{a}\rangle \mathsf{b}, \langle \mathsf{a}\rangle \mathsf{b}\langle \mathsf{a}\rangle \mathsf{b}, \langle \mathsf{aab}\rangle, \langle\langle \mathsf{a}\rangle \mathsf{b}\rangle\},$$

$$V^5(p) = V(p),$$

$$V^4(p) = \{\langle \mathsf{a}\rangle \mathsf{b}\langle \mathsf{a}\rangle \mathsf{b}, \langle \mathsf{aab}\rangle, \langle\langle \mathsf{a}\rangle \mathsf{b}\rangle\},$$

$$V^3(p) = \{\langle \mathsf{aab}\rangle, \langle\langle \mathsf{a}\rangle \mathsf{b}\rangle\},$$

$$V^2(p) = \{\langle\langle \mathsf{a}\rangle \mathsf{b}\rangle\},$$

$$V^1(p) = \emptyset.$$

Die nächsten Schritte des Algorithmus bestehen nun darin, daß für jedes Wort $p \in P_j^i$ die Menge $V^{\mu(P_j^i)}(p)$ (bzw. $V^{\mu(P_j^i)-1}(p)$, falls die Voraussetzung von Lemma 2.6 (b) erfüllt ist) gebildet werden. Aus jedem Fundamentalterm einer Menge $V^{\lambda}(p)$ können durch zulässige[1]) Einfügungen von Iterationsklammern weitere Fundamentalterme konstruiert werden, die das Wort p erzeugen. Für die Menge aller Fundamentalterme $\mathfrak{t}'$, die aus einem Fundamentalterm $\mathfrak{t}$ dadurch hervorgehen, daß auf alle möglichen zulässigen Arten Iterationsklammern in $\mathfrak{t}$ eingefügt werden, führen wir das Symbol $K(\mathfrak{t})$ ein. Ist z.B. $\mathfrak{t} = \langle \mathsf{aab} \rangle$, so gilt:

$$
\begin{aligned}
K(\mathfrak{t}) = \{ & \langle aab\rangle, \langle\!\langle a\rangle\, ab\rangle, \langle a\langle a\rangle\, b\rangle, \langle aa\langle b\rangle\!\rangle, \langle\!\langle aa\rangle\, b\rangle, \langle a\langle ab\rangle\!\rangle, \langle\!\langle a\rangle\, \langle a\rangle\, b\rangle, \\
& \langle\!\langle a\rangle\, a\langle b\rangle\!\rangle, \langle a\langle a\rangle\, \langle b\rangle\!\rangle, \langle\!\langle a\rangle\, \langle ab\rangle\!\rangle, \langle\!\langle aa\rangle\, \langle b\rangle\!\rangle, \langle\!\langle\langle a\rangle\, a\rangle\, b\rangle, \langle\!\langle a\langle a\rangle\!\rangle\, b\rangle, \\
& \langle a\langle\!\langle a\rangle\, b\rangle\!\rangle, \langle a\langle a\langle b\rangle\, \rangle\!\rangle, \langle a\langle\!\langle a\rangle\, \langle b\rangle\, \rangle\!\rangle, \langle\langle\!\langle a\rangle\, \langle a\rangle\!\rangle\, b\rangle, \langle\!\langle\langle a\rangle\, \langle a\rangle\!\rangle\, \langle b\rangle\!\rangle, \\
& \langle\!\langle a\rangle\, \langle\!\langle a\rangle\, \langle b\rangle\!\rangle\rangle, \langle\!\langle a\rangle\, \langle a\rangle\, \langle b\rangle\!\rangle, \langle\!\langle\langle a\rangle\, a\rangle\, \langle b\rangle\!\rangle, \langle\!\langle a\langle a\langle\!\langle\, \langle b\rangle\!\rangle, \langle\!\langle a\rangle\, \langle\!\langle a\rangle\, b\rangle\!\rangle, \\
& \langle\!\langle a\rangle\, \langle a\langle b\rangle\rangle\!\rangle \} \,.
\end{aligned}
$$

(E) Für jeden auf diese Weise entstandenen Fundamentalterm $\mathfrak{t}$ mit $p \in \varphi(\mathfrak{t})$ und $\mathfrak{l}(\mathfrak{t}) \leq \mu(P_j^i)$ (bzw. $\mathfrak{l}(\mathfrak{t}) \leq \mu(P_j^i) - 1$) muß nun getestet werden, ob er ein Wort aus T^0 erzeugt oder nicht. Dieser Teil des Algorithmus kann dadurch vereinfacht werden, daß zunächst für jeden Term $\mathfrak{t} \in V^{\mu(P_j^i)}(p)$[2]) der Test durchgeführt wird: Gibt es ein Wort $q \in \mathsf{T}^0$ mit $q \in \varphi(\mathfrak{t})$? Wird dieser Test positiv beantwortet, so erübrigt sich die Bildung der Mengen $K(\mathfrak{t})$; denn wenn ein Wort $q \in \mathsf{T}^0$ existiert mit $q \in \varphi(\mathfrak{t})$, so gilt für jedes $\mathfrak{t}' \in K(\mathfrak{t})$, daß $q \in \varphi(\mathfrak{t}')$ ist.

(F) Wir erhalten die Mengen

$$V_{\mathsf{T}}^{\mu(P_j^i)}(p) =_{\mathrm{Df}} \left\{\mathfrak{t} \mid \mathfrak{t} \in V^{\mu(P_j^i)}(p) \wedge \forall q\big(q \in \mathsf{T}^0 \rightarrow q \notin \varphi(\mathfrak{t})\big)\right\}.$$

(G) Für jede dieser Mengen wird folgende Menge gebildet:

$$K_{\mathsf{T}}^{\mu(P_j^i)}(p) =_{\mathrm{Df}} \bigcup_{\mathfrak{t} \in V_{\mathsf{T}}^{\mu(P_j^i)}(p)} K(\mathfrak{t})\,.$$

Die Menge $K_{\mathsf{T}}^{\mu(P_j^i)}(p)$ geht also aus $V_{\mathsf{T}_i}^{\mu(P_j^i)}(p)$ dadurch hervor, daß in die Elemente von $V_{\mathsf{T}}^{\mu(P_j^i)}(p)$ auf alle möglichen zulässigen Weisen Iterationsklammern eingefügt werden. Dadurch können natürlich wieder Fundamentalterme entstehen, die Wörter aus T^0 erzeugen.

(H) Deshalb muß für jede dieser Mengen $K_{\mathsf{T}}^{\mu(P_j^i)}(p)$ die Menge

$$Z_{\mathsf{T}}^{\mu(P_j^i)}(p) =_{\mathrm{Df}} \left\{\mathfrak{t} \mid \mathfrak{t} \in K_{\mathsf{T}}^{\mu(P_j^i)}(p) \wedge \forall q\big(q \in \mathsf{T}^0 \rightarrow q \notin \varphi(\mathfrak{t})\big)\right\}$$

---

[1]) vgl. Definition 2.1.

[2]) Für den Fall, daß die Voraussetzung von Lemma 2.6(b) erfüllt ist, muß statt $\mu(P_j^i)$ die Zahl $\mu(P_j^i) - 1$ eingesetzt werden. Darauf wird im weiteren Verlauf der Arbeit nicht jedesmal wieder hingewiesen.

gebildet werden.[1]) In $Z_{\mathsf{T}}^{\mu(P_j^i)}(p)$ sind also genau die Fundamentalterme enthalten, die p erzeugen, kürzer oder so lang wie $\mu(P_j^i)$ sind und kein Wort aus T^0 erzeugen.

(I) Im folgenden leicht einzusehenden Satz ist eine Aussage darüber enthalten, wie aus den Mengen $Z_{\mathsf{T}}^{\mu(P_j^i)}(p)$ für $p \in P_j^i$ Fundamentalterme ausgesondert werden können, die bei gleichzeitiger Verträglichkeit mit T^0 ganz P_j^i erzeugen.

Satz 2.8. *Es sei* $\mathfrak{t} \in \mathsf{F}_X$. *Dann gilt* $\mathfrak{t}\mathsf{v} \circ P_j^i \leftrightarrow \mathfrak{t} \in \bigcap_{p \in P_j^i} Z_{\mathsf{T}}^{\mu(P_j^i)}(p)$.

Durch diesen Satz ist der nächste Schritt des Algorithmus motiviert. Es wird für jede Menge $\mathfrak{P}_i$, die alle vorhergehenden Bedingungen (Verkürzbarkeit auf $\mu(P_j^i)$ usw.) erfüllt, der Durchschnitt

$$D_j^i =_{\mathrm{Df}} \bigcap_{p \in P_j^i} Z_{\mathsf{T}}^{\mu(P_j^i)}(p)$$

berechnet. Falls $D_j^i = \emptyset$, so bedeutet das, daß es keinen Fundamentalterm gibt, der bei gleichzeitiger Verträglichkeit mit T^0 alle Elemente aus P_j^i erzeugt. In diesem Falle werden P_j^i und alle Obermengen von P^i aus $\mathfrak{P}_i$ herausgestrichen, und man geht zur Untersuchung einer anderen Menge $P_{j'}^i$ über.

Ist jedoch $D_j^i \neq \emptyset$, so beinhaltet D_j^i genau die Fundamentalterme, die bei gleichzeitiger Verträglichkeit mit T^0 alle Wörter aus P_j^i erzeugen. Damit wissen wir, welche Wörter aus T_i jeweils von einem mit T^0 verträglichen Fundamentalterm erzeugt werden können.

(J) Deshalb gehen wir nun dazu über, die kürzesten Erzeugungsmöglichkeiten für T_i zu bestimmen. Dabei muß beachtet werden, daß ein mit T^0 verträglicher Fundamentalterm, der eine Menge P_j^i erzeugt, durchaus nicht immer der kürzeste mit T^0 verträgliche Normalterm mit dieser Eigenschaft ist. In gewissen Fällen kann durch eine Vergrößerung der Anzahl der Fundamentalterme in einem geeigneten Normalterm eine Verringerung der Länge erreicht werden. Das folgende Beispiel soll dies verdeutlichen.

Es sei $P_j^i = \{p_1, p_2\}$ mit $p_1 =$ **ababaaababab** und $p_2 =$ **abababbbabab**. Außerdem gelte **aaabbb** $\in \mathsf{T}^0$. Setzen wir $\mathfrak{t} =_{\mathrm{Df}} \langle \mathsf{ab} \rangle \langle \mathsf{a} \rangle \langle \mathsf{b} \rangle \langle \mathsf{ab} \rangle$, so gilt $\mathfrak{t}\mathsf{v} \circ P_j^i$. Setzen wir jedoch $\mathfrak{r} =_{\mathrm{Df}} \langle\!\langle \mathsf{a} \rangle \mathsf{b} \rangle \cup \langle \mathsf{a} \langle \mathsf{b} \rangle\!\rangle$, so gilt auch $P_j^i \subseteqq \varphi(\mathfrak{r})$. Damit ist der kürzeste mit T^0 verträgliche Normalterm, der P_j^i erzeugt, ein Normalterm mit zwei Fundamentaltermen; denn der Term $\langle\!\langle \mathsf{a} \rangle \langle \mathsf{b} \rangle\!\rangle$, der offensichtlich auch p_1 und p_2 erzeugt, erzeugt das angegebene Element aus T^0 und kann deshalb nicht verwendet werden.

Wenn also eine Teilmenge P_j^i von T_i von einem Fundamentalterm erzeugt werden kann (d. h., wenn gilt $D_j^i \neq \emptyset$), so müssen alle Zerlegungen von P_j^i gebildet werden, und man muß prüfen, ob eine durch eine Zerlegungsvariante geschaffene Erzeugungsmöglichkeit von P_j^i durch einen Normalterm mit mehr als einem Fundamentalterm kürzer ist, als die durch einen Fundamentalterm. Da aus $D_j^i \neq \emptyset$ stets folgt, daß $D_{j'}^i \neq \emptyset$ ist, für jede Teilmenge $P_{j'}^i$ von P_j^i, kann durch eine Methode, die sich an die Arbeitsweise mit der Primimplikantentabelle beim Minimisierungsverfahren reiner Reihen-Parallel-Schaltungen nach QUINE und McCLUSKEY (vgl. z. B. [4]) anlehnt, die Menge $E(\mathsf{T}_i)$ aller kürzesten Normalterme bestimmt werden, die bei gleichzeitiger Verträglichkeit mit T^0 die Menge T_i erzeugen.

[1]) Bei einer praktischen Realisierung dieses Algorithmus wird man natürlich nicht für jedes Wort $q \in \mathsf{T}_0$ testen, ob $q \in \varphi(\mathfrak{t})$ ist, da ja auch hier gilt, daß ein Wort q nur dann von $\mathfrak{t}$ erzeugt werden kann, wenn $q \sim \mathfrak{t}$ und q auf $\mathsf{l}(\mathfrak{t})$ verkürzbar ist.

Wir fertigen folgende Tabelle an:

	p_1	$p_2 \cdots p_\vartheta \cdots p_{\tau_\iota}$
$P^i_{j_1}$		
$P^i_{j_2}$		
$\vdots$		
P^i_ι		
$\vdots$		
$P^i_{j_{l_\iota}}$		
- - -	- - -	- - -
$\{p_1\}$		
$\vdots$		
$\{p_{\tau_\iota}\}$		

Dabei gilt $\mathsf{T}_i = \{p_1, p_2, \dots, p_{\tau_\iota}\}$, und die Mengen $P^i_{j_1}, \dots, P^i_{j_{l_\iota}}$ sind diejenigen Mengen P^i_ι aus $\mathfrak{P}_i$, für die $D^i_\iota \neq \emptyset$ ist. In den Schnittpunkt der ν-ten Zeile und der μ-ten Spalte wird genau dann ein Zeichen $*$ eingetragen, wenn das am μ-ten Spalteneingang stehende Wort in der im ν-ten Zeileneingang stehenden Menge enthalten ist. Eine solche Tabelle heißt *vollständig*, falls in jeder Spalte mindestens ein Zeichen $*$ steht. Bei dieser Ausgangstabelle ist die Vollständigkeit von vornherein dadurch gegeben, daß in dem Teil der Tabelle, der sich unterhalb der gestrichelten Linie befindet, jede Spalte durch genau ein Zeichen $*$ besetzt ist. Aus dieser Tabelle konstruieren wir durch Streichung von Zeilen sog. *minimale Tabellen*. Dabei definieren wir: Eine Tabelle $\mathfrak{T}$ heißt minimal, wenn in $\mathfrak{T}$ keine Zeile mehr gestrichen werden kann, ohne daß die Eigenschaft der Vollständigkeit verlorengeht. Wir bezeichnen durch $\mathfrak{M}_i$ die Menge aller minimalen Tabellen bezüglich T_i. Weiterhin legen wir fest:

$$\varrho(D^i_j) =_{\mathrm{Df}} \min_{\mathfrak{t} \in D^i_j} \mathsf{l}(\mathfrak{t}) \quad \text{und} \quad \varrho'(p)_{\mathrm{Df}} = \min_{\mathfrak{t} \vee \circ \{p\}} \mathsf{l}(\mathfrak{t}) \,.$$

Es sei nun $\mathfrak{T}$ eine minimale Tabelle. Jedes im Zeileneingang von $\mathfrak{T}$ stehende Symbol P^i_ι denken wir uns jetzt durch die Zahl $\varrho(D^i_\iota)$ ersetzt und jedes Symbol $\{p_\vartheta\}$ durch die Zahl $\varrho'(p_\vartheta)$. (Die Zahl $\varrho(D^i_j)$ gibt ja bekanntlich die Länge der kürzesten mit T^0 verträglichen Fundamentalterme an, die die Menge P^i_j erzeugen, während $\varrho'(p_\vartheta)$ gleich der Länge der kürzesten mit T^0 verträglichen Normalterme ist, die p_ϑ erzeugen.) Die Summe dieser Zahlen nennen wir *Länge der Tabelle* $\mathfrak{T}$ und bezeichnen diese durch $\mathsf{l}'(\mathfrak{T})$.

Auf Grund dieser Festlegungen ist es möglich, die Menge

$$\mathfrak{M}^i_{\min} =_{\mathrm{Df}} \left\{\mathfrak{T} \mid \mathfrak{T} \in \mathfrak{M}_i \wedge \mathsf{l}'(\mathfrak{T}) = \min_{\mathfrak{T} \in \mathfrak{M}_i} \mathsf{l}'(\mathfrak{T})\right\}$$

zu bestimmen. Jede Tabelle der hier verwendeten Art bestimmt eindeutig ein Mengensystem $\mathfrak{S}(\mathfrak{T})$, das auf folgende Weise gewonnen werden kann:

Für jedes am Zeileneingang von $\mathfrak{T}$ stehende Symbol P^i_ι wird die Menge $E(P^i_\iota) =_{\mathrm{Df}} \{\mathfrak{t} \mid \mathfrak{t} \in D^i_\iota \wedge \mathsf{l}(\mathfrak{t}) = \varrho(D^i_\iota)\}$ in $\mathfrak{S}(\mathfrak{T})$ aufgenommen und für jedes am Zeileneingang von $\mathfrak{T}$ stehende Symbol $\{p_\vartheta\}$ die Menge $E(p_\vartheta) =_{\mathrm{Df}} \{\mathfrak{t} \mid \mathfrak{t} \vee \circ \{p_\vartheta\} \wedge \mathsf{l}(\mathfrak{t}) = \varrho(p_\vartheta)\}$.

Es sei $\mathfrak{S}(\mathfrak{T}) =_{\mathrm{Df}} \{U_1, U_2, \dots, U_{k_\mathfrak{T}}\}$. Der folgende abschließende Satz ist inhaltlich sofort einzusehen und soll deshalb ohne Beweis hier wiedergegeben werden.

Satz 2.9. *Es ist* $$E(T_i) = \bigcup_{\mathfrak{T} \in \mathfrak{M}^i_{\min}} \{\mathfrak{r}_1 \vee \mathfrak{r}_2 \vee \cdots \vee \mathfrak{r}_{k_\mathfrak{T}} \mid \mathfrak{r}_\varkappa \in U_\varkappa \wedge 1 \leqq \varkappa \leqq k_\mathfrak{T}\} \,.$$

Damit ist klar, wie für jede Menge T_i die Menge $E(\mathsf{T}_i)$ gebildet wird. Es verbleibt die Aufgabe, aus der Menge $E(\mathsf{T}_i)$ den bezüglich unserer Aufzählung β ersten Normalterm $\mathsf{H}(\circ\ \mathsf{T}_i)$ herauszusuchen. Das kann nun auf verhältnismäßig einfache Weise geschehen:

Wir bilden zu jedem Normalterm $\mathsf{r} \in E(\mathsf{T}_i)$ den Längenvektor $\sigma(\mathsf{r})$. Damit können wir aus der Menge $E(\mathsf{T}_i)$ die Menge $E'(\mathsf{T}_i)$ aller der Normalterme $\mathsf{r} \in E(\mathsf{T}_i)$ auswählen, deren Längenvektor $\sigma(\mathsf{r})$ in der bereits angegebenen Ordnung der Längenvektoren unter allen zu Elementen von $E(\mathsf{T}_i)$ gehörenden Längenvektoren an erster Stelle steht. Den Normalterm $\mathsf{H}(\circ\ \mathsf{T}_i)$ erhält man nun als denjenigen Normalterm $\mathsf{r} \in E'(\mathsf{T}_i)$, für den $c(\mathsf{r})$ unter allen zu $E'(\mathsf{T}_i)$ gehörenden charakteristischen Zahlentupeln an erster Stelle steht.

Damit ist das erste unserer eingangs gestellten Ziele erreicht. Es wurde ein Algorithmus für die Erkennung regulärer Sprachen mit den in der Einleitung formulierten Eigenschaften konstruiert.

2.3. Ein Beispiel für die Erkennung regulärer Sprachen nach dem angegebenen Algorithmus

Es ist hier natürlich nur möglich, ein Beispiel für den effektiven und direkten Übergang von der Eingangsinformation T zu $\mathsf{H}(\mathsf{T})$ anzugeben. Aus den in der Einleitung gemachten Bemerkungen ist jedoch zu ersehen, wie der angegebene Algorithmus in den gesamten Prozeß der Erkennung einzuordnen ist.

(**A**) Wir wählen als Eingangsinformation die Menge

$$\mathsf{T} = \{[\mathsf{ab}, 1], [\mathsf{abab}, 0], [\mathsf{aabb}, 1], [\mathsf{ccaa}, 1], [\mathsf{ca}, 1], [\mathsf{aaba}, 0], [\mathsf{abbb}, 1], [\mathsf{cca}, 0]\}$$

und konstruieren dazu den Normalterm $\mathsf{H}(\mathsf{T})$. An den Stellen, wo der Ablauf klar ist, werden keine Zwischenkommentare eingefügt. Es empfiehlt sich aber, die Herkunft der Symbole und Operationen anhand der Darlegungen im Abschnitt 2.2 zu verfolgen.

(**B**) Beginnen wir mit der Abarbeitung:

$$\mathsf{T}^1 = \{\mathsf{ab}, \mathsf{aabb}, \mathsf{ccaa}, \mathsf{ca}, \mathsf{abbb}\}\ ,$$

$$\mathsf{T}^0 = \{\mathsf{abab}, \mathsf{aaba}, \mathsf{cca}\}\ ,$$

$$\mathsf{T}_1 = \{\mathsf{ab}, \mathsf{aabb}, \mathsf{abbb}\}\ ,$$

$$\mathsf{T}_2 = \{\mathsf{ccaa}, \mathsf{ca}\}\ .$$

(**C**) $\mathfrak{P}_1 = \{\{\mathsf{ab}, \mathsf{aabb},\}\ \{\mathsf{ab}, \mathsf{abbb}\}, \{\mathsf{aabb}, \mathsf{abbb}\}, \{\mathsf{ab}, \mathsf{aabb}, \mathsf{abbb}\}\}$.
Wir setzen:

$$P_1^1 = \{\mathsf{ab}, \mathsf{aabb}\}\ ,$$

$$P_2^1 = \{\mathsf{ab}, \mathsf{abbb}\}\ ,$$

$$P_3^1 = \{\mathsf{aabb}, \mathsf{abbb}\}\ ,$$

$$P_4^1 = \{\mathsf{ab}, \mathsf{aabb}, \mathsf{abbb}\}\ .$$

(**D**) Wir beginnen mit P_1^1 und erhalten $\mu(P_1^1) = 2$. Wie man leicht sieht, sind alle Wörter von P_1^1 auf 2 verkürzbar. Es gibt auch nicht mehrere Wörter der Länge 2.

(**E**) Wenn ein Fundamentalterm t existiert, der P_j^i erzeugt, so braucht man beim Überprüfen der Verträglichkeit mit T^0 natürlich nur diejenigen Wörter aus T^0 zu beachten, die prinzipiell von t erzeugt werden könnten. Entsprechend unseren früheren Überlegungen sind das jene Wörter $q \in \mathsf{T}^0$, für die $q \sim P_j^i$ gilt und q auf $\mu(P_j^i)$ verkürzbar ist. Wir bilden deshalb

$$Q^i_j =_{\mathrm{Df}} \{q \mid q \in \mathsf{T}^0 \wedge q \sim P^i_j \wedge q \text{ ist auf } \mu(P^i_j) \text{ verkürzbar}\}.$$

In unserem Fall gilt also $Q^1_1 = \{abab\}$. (Das Wort aaba gehört nicht zu Q^1_1, weil es nicht auf 2 verkürzbar ist.)

(**F**) Wir bilden nun $V^{\mu(P^1_1)}(p_1) = V^2(p_1) = \{ab\}$. Der Term ab erzeugt kein Element aus Q^1_1. Damit gilt $V^2_{\mathsf{T}}(ab) = V^2(ab) = \{ab\}$.

(**G**) Daraus ergibt sich

$$K^2_{\mathsf{T}}(ab) = \{ab, \langle a\rangle b, a\langle b\rangle, \langle a\rangle \langle b\rangle, \langle\!\langle a\rangle b\rangle, \langle a\langle b\rangle\!\rangle, \langle\!\langle a\rangle \langle b\rangle\!\rangle, \langle ab\rangle\} .$$

Offensichtlich erzeugen die Fundamentalterme $\langle\!\langle a\rangle b\rangle$, $\langle a\langle b\rangle\!\rangle$, $\langle\!\langle a\rangle \langle b\rangle\!\rangle$, $\langle ab\rangle$ u. a. das Wort $abab \in Q^1_1$. Diese werden also gestrichen, und es ergibt sich $Z^2_{\mathsf{T}}(ab) = \{ab, \langle a\rangle b, a\langle b\rangle, \langle a\rangle \langle b\rangle\}$. Gehen wir zu $aabb \in P^1_1$ über. Wir bilden $V^2(aabb) = \{\langle a\rangle \langle b\rangle\}$. Offensichtlich gilt $V^2_{\mathsf{T}}(aabb) = V^2(aabb) = \{\langle a\rangle \langle b\rangle\}$, woraus sich $K^2_{\mathsf{T}}(aabb) = \{\langle a\rangle \langle b\rangle, \langle\!\langle a\rangle \langle b\rangle\!\rangle\}$ ergibt.

(**H**) Es folgt $Z^2_{\mathsf{T}}(aabb) = \{\langle a\rangle \langle b\rangle\}$. Damit sind für alle Wörter $p \in P^1_1$ die Mengen $Z^{\mu(P^1_1)}_{\mathsf{T}}(p)$ bestimmt. Wir bilden also $D^1_1 = \{\langle a\rangle \langle b\rangle\}$. Wir gehen zu P^1_2 über und stellen fest: $\mu(P^1_2) = 2$. Da alle Wörter von P^1_2 auf 2 verkürzbar sind, und es auch nicht mehrere Wörter der Länge 2 gibt, bilden wir $Q^1_2 = \{abab\}$. Aus der vorigen Betrachtung ergibt sich $Z^2_{\mathsf{T}}(ab) = \{ab, \langle a\rangle b, a\langle b\rangle, \langle a\rangle \langle b\rangle\}$. Wir gehen deshalb zu $abbb \in P^1_2$ über und bilden $V^2(abbb) = \{a\langle b\rangle\}$. Offensichtlich gilt $V^2_{\mathsf{T}}(abbb) = V^2(abbb) = \{a\langle b\rangle\}$. Damit haben wir $K^2_{\mathsf{T}}(abbb) = \{a\langle b\rangle, \langle a\rangle \langle b\rangle, \langle a\langle b\rangle\!\rangle, \langle\!\langle a\rangle \langle b\rangle\!\rangle\}$, woraus sich $Z^2_{\mathsf{T}}(abbb) = \{a\langle b\rangle, \langle a\rangle \langle b\rangle\}$ ergibt.

(**I**) Für alle Wörter $p \in P^1_2$ sind somit die Mengen $Z^{\mu(P^1_2)}_{\mathsf{T}}(p)$ bestimmt und wir erhalten $D^1_2 = \{a\langle b\rangle, \langle a\rangle \langle b\rangle\}$.

Für $P^1_3 = \{aabb, abbb\}$ gilt $\mu(P^1_3) = 4$.[1] Alle Wörter aus P^1_3 sind auf 4 verkürzbar. Da es jedoch in P^1_3 zwei Wörter der Länge 4 gibt, muß geprüft werden, ob jedes Wort aus P^1_3 auf 3 verkürzbar ist. Wie man sich leicht überzeugt, ist dies der Fall. Als Q^1_3 ergibt sich die Menge $\{abab\}$. Wir bilden nun $V^3(aabb) = \{\langle a\rangle bb, aa\langle b\rangle, \langle a\rangle \langle b\rangle\}$. Kein Term aus $V^3(aabb)$ erzeugt ein Element aus Q^1_3, womit gilt:

$$V^3_{\mathsf{T}}(aabb) = \{\langle a\rangle bb, aa\langle b\rangle, \langle a\rangle \langle b\rangle\} .$$

Daraus folgt:

$$\begin{aligned} K^3_{\mathsf{T}}(aabb) = \{&\langle a\rangle bb, \langle a\rangle \langle b\rangle b, \langle a\rangle b\langle b\rangle, \langle a\rangle \langle b\rangle \langle b\rangle, \langle\!\langle a\rangle b\rangle b, \\ &\langle\!\langle a\rangle \langle b\rangle\!\rangle b, \langle\!\langle a\rangle b\rangle \langle b\rangle, \langle\!\langle a\rangle \langle b\rangle\!\rangle \langle b\rangle, \langle a\rangle \langle bb\rangle, \langle a\rangle \langle\!\langle b\rangle b\rangle, \\ &\langle a\rangle \langle b\langle b\rangle\!\rangle, \langle a\rangle \langle\!\langle b\rangle \langle b\rangle\!\rangle, \langle\!\langle a\rangle bb\rangle, \langle\!\langle a\rangle \langle b\rangle b\rangle, \langle\!\langle a\rangle b\langle b\rangle\!\rangle, \\ &\langle\!\langle a\rangle \langle b\rangle \langle b\rangle\!\rangle, \langle\!\langle\langle a\rangle b\rangle b\rangle, \langle\!\langle\langle a\rangle \langle b\rangle\!\rangle b\rangle, \langle\!\langle\langle a\rangle b\rangle \langle b\rangle\!\rangle, \\ &\langle\!\langle\langle a\rangle \langle b\rangle\!\rangle \langle b\rangle\!\rangle, \langle\!\langle a\rangle \langle bb\rangle\!\rangle, \langle\!\langle a\rangle \langle\!\langle b\rangle b\rangle\!\rangle, \langle\!\langle a\rangle \langle b\langle b\rangle\rangle\!\rangle, aa\langle b\rangle, \\ &\langle a\rangle a\langle b\rangle, a\langle a\rangle \langle b\rangle, \langle a\rangle \langle a\rangle \langle b\rangle, \langle aa\rangle \langle b\rangle, \langle\!\langle a\rangle a\rangle \langle b\rangle, \\ &\langle\!\langle a\rangle \langle a\rangle\!\rangle \langle b\rangle, a\langle a\langle b\rangle\!\rangle, \langle a\rangle \langle a\langle b\rangle\!\rangle, a\langle\!\langle a\rangle \langle b\rangle\!\rangle, \langle a\rangle \langle\!\langle a\rangle \langle b\rangle\!\rangle, \\ &\langle aa\langle b\rangle\!\rangle, \langle\!\langle a\rangle a\langle b\rangle\!\rangle, \langle a\langle a\rangle \langle b\rangle\!\rangle, \langle\!\langle a\rangle \langle a\rangle \langle b\rangle\!\rangle, \langle\!\langle aa\rangle \langle b\rangle\!\rangle, \\ &\langle\!\langle\langle a\rangle a\rangle \langle b\rangle\!\rangle, \langle\!\langle a\langle a\rangle\!\rangle \langle b\rangle\!\rangle, \langle\!\langle\langle a\rangle \langle a\rangle\!\rangle \langle b\rangle\!\rangle, \langle a\langle a\langle b\rangle\rangle\!\rangle, \\ &\langle\!\langle a\rangle \langle a\langle b\rangle\rangle\!\rangle, \langle a\langle\!\langle a\rangle \langle b\rangle\rangle\!\rangle, \langle\!\langle a\rangle \langle\!\langle a\rangle \langle b\rangle\!\rangle, \langle a\rangle \langle b\rangle, \langle\!\langle a\rangle \langle b\rangle\!\rangle, \\ &\langle a\langle a\rangle\!\rangle \langle b\rangle, \langle\!\langle a\rangle \langle\!\langle b\rangle \langle b\rangle\rangle\!\rangle\} . \end{aligned}$$

---

[1]) Da die folgenden Schritte eine Wiederholung der Schritte (**A**)—(**I**) darstellen, verzichten wir auf eine diesbezügliche Markierung.

Wie man leicht sieht, ergibt sich daraus $Z^3_{\mathsf{T}}(\mathsf{aabb}) = K^3_{\mathsf{T}}(\mathsf{aabb}) \setminus \{\langle\!\langle \mathsf{a}\rangle \langle \mathsf{b}\rangle\!\rangle\}$. Als $V^3(\mathsf{abbb})$ erhalten wir die Menge $\{\mathsf{a}\langle \mathsf{b}\rangle\, \mathsf{b}, \mathsf{ab}\langle \mathsf{b}\rangle, \mathsf{a}\langle \mathsf{b}\rangle\}$. Offensichtlich gilt $V^3_{\mathsf{T}}(\mathsf{abbb}) = V^3(\mathsf{abbb})$, und es kann die Menge $K^3_{\mathsf{T}}(\mathsf{abbb})$ bestimmt werden:

$$\begin{aligned} K^3_{\mathsf{T}}(\mathsf{abbb}) = \{ & a\langle b\rangle\, b,\ \langle a\rangle \langle b\rangle\, b,\ a\langle b\rangle \langle b\rangle,\ \langle a\rangle \langle b\rangle \langle b\rangle,\ \langle a\langle b\rangle\!\rangle\, b, \\ & \langle\!\langle a\rangle \langle b\rangle\!\rangle\, b,\ \langle a\langle b\rangle\!\rangle \langle b\rangle,\ \langle\!\langle a\rangle \langle b\rangle\!\rangle \langle b\rangle,\ a\langle\!\langle b\rangle\, b\rangle,\ \langle a\rangle \langle\!\langle b\rangle\, b\rangle, \\ & a\langle\!\langle b\rangle \langle b\rangle\!\rangle,\ \langle a\rangle \langle\!\langle b\rangle \langle b\rangle\!\rangle,\ \langle a\langle b\rangle\, b\rangle,\ \langle\!\langle a\rangle \langle b\rangle\, b\rangle,\ \langle a\langle b\rangle \langle b\rangle\!\rangle, \\ & \langle\!\langle a\rangle \langle b\rangle \langle b\rangle\!\rangle,\ \langle\!\langle a\langle b\rangle\!\rangle\, b\rangle,\ \langle\!\langle \langle a\rangle \langle b\rangle\!\rangle\, b\rangle,\ \langle\!\langle a\langle b\rangle\!\rangle \langle b\rangle\!\rangle, \\ & \langle\!\langle \langle a\rangle \langle b\rangle\!\rangle \langle b\rangle\!\rangle,\ \langle a\langle\!\langle b\rangle\, b\rangle\!\rangle,\ \langle\!\langle a\rangle \langle\!\langle b\rangle\, b\rangle\!\rangle,\ \langle a\langle\!\langle b\rangle \langle b\rangle\rangle\!\rangle, \\ & \langle\!\langle a\rangle \langle\!\langle b\rangle \langle b\rangle\rangle\!\rangle,\ ab\langle b\rangle,\ \langle a\rangle\, b\langle b\rangle,\ \langle ab\rangle \langle b\rangle,\ \langle\!\langle a\rangle\, b\rangle \langle b\rangle, \\ & a\langle b\langle b\rangle\!\rangle,\ \langle a\rangle \langle b\langle b\rangle\!\rangle,\ \langle ab\langle b\rangle\!\rangle,\ \langle\!\langle a\langle\, b\langle b\rangle\!\rangle,\ \langle\!\langle ab\rangle \langle b\rangle\!\rangle,\ \langle\!\langle \langle a\rangle\, b\rangle \langle b\rangle\!\rangle, \\ & \langle a\langle b\langle b\rangle\rangle\!\rangle,\ \langle\!\langle a\rangle \langle b\langle b\rangle\rangle\!\rangle,\ a\langle b\rangle,\ \langle a\rangle \langle b\rangle,\ \langle a\langle b\rangle\!\rangle,\ \langle\!\langle a\rangle \langle b\rangle\!\rangle \} . \end{aligned}$$

Man erkennt sofort: $Z^3_{\mathsf{T}}(\mathsf{abbb}) = K^3_{\mathsf{T}}(\mathsf{abbb}) \setminus \{\langle \mathsf{a}\langle \mathsf{b}\rangle\!\rangle, \langle\!\langle \mathsf{a}\rangle \langle \mathsf{b}\rangle\}$. Somit ergibt sich:

$$\begin{aligned} D^1_3 = \{ & \langle a\rangle \langle b\rangle,\ \langle a\rangle \langle b\rangle\, b,\ \langle\!\langle a\rangle \langle b\rangle\!\rangle\, b,\ \langle a\rangle \langle\!\langle b\rangle\, b\rangle,\ \langle\!\langle a\rangle \langle b\rangle\, b\rangle, \\ & \langle\!\langle \langle a\rangle \langle b\rangle\!\rangle\, b\rangle,\ \langle\!\langle a\rangle \langle\!\langle b\rangle\, b\rangle\!\rangle,\ \langle a\rangle \langle b\rangle \langle b\rangle,\ \langle\!\langle a\rangle \langle b\rangle\!\rangle \langle b\rangle,\ \langle a\rangle \langle\!\langle b\rangle \langle b\rangle\!\rangle, \\ & \langle\!\langle \langle a\rangle \langle b\rangle\!\rangle \langle b\rangle\!\rangle,\ \langle\!\langle a\rangle \langle b\rangle \langle b\rangle\!\rangle,\ \langle\!\langle a\rangle \langle\!\langle b\rangle \langle b\rangle\rangle\!\rangle,\ \langle a\rangle \langle bb\rangle,\ \langle\!\langle a\rangle \langle bb\rangle\!\rangle \} . \end{aligned}$$

Damit können wir zur Konstruktion von D^1_4 übergehen. Offensichtlich gilt $\mu(P^1_4) = 2$. Alle Elemente von P^1_4 sind auf 2 verkürzbar, und es gibt auch nur ein Wort der Länge 2. Damit gilt $Q^1_4 = \{\mathsf{abab}\}$. Aus den obigen Betrachtungen können wir ablesen:

$$Z^2_{\mathsf{T}}(\mathsf{ab}) = \{ab, \langle a\rangle\, b, a\langle b\rangle, \langle a\rangle \langle b\rangle\} ,$$

$$Z^2_{\mathsf{T}}(\mathsf{aabb}) = \{\langle a\rangle \langle b\rangle\} ,$$

$$Z^2_{\mathsf{T}}(\mathsf{abbb}) = \{a\langle b\rangle, \langle a\rangle \langle b\rangle\} .$$

Daraus ergibt sich $D^1_4 = \{\langle \mathsf{a}\rangle \langle \mathsf{b}\rangle\}$.

(**J**) Für $\mathfrak{P}_1$ sind somit alle Durchschnitte D^1_j $(1 \leqq j \leqq 4)$ bestimmt. Wir können deshalb für T_1 folgende Tabelle aufstellen:

	$p_1 = \mathsf{ab}$	$p_2 = \mathsf{aabb}$	$p_3 = \mathsf{abbb}$
P^1_1	*	*	
P^1_2	*		*
P^1_3		*	*
P^1_4	*	*	*
$\{p_1\}$	*		
$\{p_2\}$		*	
$\{p_3\}$			*

Daraus ergeben sich als Elemente von $\mathfrak{M}_1$ die Tabellen $\mathfrak{T}_1$ bis $\mathfrak{T}_8$.

In der folgenden Aufstellung sind für diese Tabellen die Zeileneingänge angegeben:

Tabelle	$\mathfrak{T}_1$	$\mathfrak{T}_2$	$\mathfrak{T}_3$	$\mathfrak{T}_4$	$\mathfrak{T}_5$	$\mathfrak{T}_6$	$\mathfrak{T}_7$	$\mathfrak{T}_8$
Zeilen-eingänge	P^1_4	P^1_3	P^1_2	P^1_1	$\{p_1\}$	P^1_1	P^1_1	P^1_2
		$\{p_1\}$	$\{p_2\}$	$\{p_3\}$	$\{p_2\}$	P^1_2	P^1_3	P^1_3
					$\{p_3\}$			

Berechnen wir die Längen der Tabellen aus $\mathfrak{M}_1$, so ergibt sich $l'(\mathfrak{T}_1) = 2$, $l'(\mathfrak{T}_2) = 4$, $l'(\mathfrak{T}_3) = 4$, $l'(\mathfrak{T}_4) = 4$, $l'(\mathfrak{T}_5) = 6$, $l'(\mathfrak{T}_6) = 4$, $l'(\mathfrak{T}_7) = 4$, $l'(\mathfrak{T}_8) = 4$. Damit gilt $\mathfrak{M}^1_{\min} = \{\mathfrak{T}_1\}$, woraus sich $E(\mathsf{T}_1) = D^1_4 = \{\langle \mathsf{a} \rangle \langle \mathsf{b} \rangle\}$ ergibt. Da sich $E(\mathsf{T}_1)$ als Einermenge erweist, erhalten wir schließlich $\mathsf{H}(\circ\ \mathsf{T}_1) = \langle \mathsf{a} \rangle \langle \mathsf{b} \rangle$.

Wir können nun zu $\mathsf{T}_2 = \{\mathsf{ccaa}, \mathsf{ca}\}$ übergehen. Da T_2 nur zwei Wörter enthält, gilt offensichtlich $\mathfrak{P}_2 = \{\mathsf{T}_2\} = \{P^2_1\}$. Weiterhin gilt $\mu(P^2_1) = 2$, alle Wörter aus P^2_1 sind auf 2 verkürzbar, und es gibt nur ein Wort der Länge 2. Aus der Ausgangsinformation entnehmen wir $Q^2_1 = \{\mathsf{cca}\}$. Wie man leicht sieht, gilt $V^2(\mathsf{ccaa}) = \{\langle \mathsf{c} \rangle \langle \mathsf{a} \rangle\}$. Da der Term $\langle \mathsf{c} \rangle \langle \mathsf{a} \rangle$ u. a. auch das mit 0 bewertete Wort cca erzeugt, ergibt sich $V^2_{\mathsf{T}}(\mathsf{ccaa}) = \emptyset$, voraus man schließlich $D^1_2 = \emptyset$ erhält. Die Tabelle für T_2 hat somit folgendes Aussehen:

	$p_1 = \mathsf{ccaa}$	$p_2 = \mathsf{ca}$
$\{p_1\}$	*	
$\{p_2\}$		*

$\mathfrak{M}_2$ besteht nur aus dieser einen Tabelle. Damit gilt $\mathfrak{M}_2 = \mathfrak{M}^2_{\min}$.

Entsprechend Satz 2.9 erhalten wir somit:

$$E(\mathsf{T}_2) = \{\langle \mathsf{c} \rangle\, \mathsf{aa} \vee \mathsf{ca}, \langle \mathsf{c} \rangle \langle \mathsf{a} \rangle\, \mathsf{a} \vee \mathsf{ca}, \ldots, \langle \mathsf{c} \langle \mathsf{a} \langle \mathsf{a} \rangle \rangle\rangle \vee \langle \mathsf{ca} \rangle\}.$$

Die vollständige Bestmmung der Menge $E(\mathsf{T}_2)$ erweist sich als überflüssig, da man aus dem beschriebenen Auswahlsystem sofort erkennt, daß $\mathsf{H}(\circ\ \mathsf{T}_2) = \langle \mathsf{c} \rangle\, \mathsf{aa} \vee \mathsf{ca}$ gilt.

Entsprechend Satz 2.3 erhalten wir als Ergebnis

$$\mathsf{H}(\mathsf{T}) = \langle \mathsf{a} \rangle \langle \mathsf{b} \rangle \vee \langle \mathsf{c} \rangle\, \mathsf{aa} \vee \mathsf{ca}\,.$$

Obwohl dieses Beispiel sehr einfach ist, sind doch einige wichtige Gesichtspunkte, nach denen der Algorithmus arbeitet, erkennbar. Man sieht schon hier, daß der Hauptaufwand bei der Herausfindung aller Verkürzungen eines Wortes liegt. Dies wird noch schwieriger, wenn als Verkürzungen ineinandergeschachtelte Iterationen in Frage kommen. Es sei jedoch vermerkt, daß es Herrn Schirrmeister vom Rechenzentrum der Friedrich-Schiller-Universität Jena gelungen ist, diesen Algorithmus für den R 300 so zu programmieren, daß die für die Erkennung notwendigen Rechenzeiten durchaus in vertretbaren Grenzen bleiben.

3. Ein Erkennungsalgorithmus für lineare Sprachen

3.1. Eine Occam-Numerierung für lineare Normalterme

In einer Arbeit von Wechsung [13] wurde eine algebraische Charakterisierung der Klasse der linearen Sprachen angegeben. Da die in dieser Arbeit veröffentlichten Resultate grundlegend für das hier angegebene Verfahren sind, ist es notwendig, einige Gedanken dieser Arbeit hier wiederzugeben.

Es sei wieder $X = \{\mathsf{x}_1, \ldots, \mathsf{x}_k\}$ ein endliches Alphabet. Weiterhin sei ein Zeichen $\# \notin X$ gegeben. Damit definieren wir:

$$X^* \# X^* =_{\mathrm{Df}} \{p \# q \mid p, q \in X^*\}\,.$$

Mit E bezeichnen wir die Menge aller endlichen Teilmengen von $X^* \# X^*$. Über $\mathfrak{P}(X^* \# X^*)$ werden nun Operationen definiert:

Definition 3.1. Es seien $A, B \in \mathfrak{P}(X^* \# X^*)$.

(a) $A \cup B$ bezeichnet die übliche mengentheoretische Vereinigung.

(b) $A \circ B =_{\mathrm{Df}} \{\mathsf{a}_1\mathsf{b}\mathsf{a}_2 \mid \mathsf{a}_1 \# \mathsf{a}_2 \in A \wedge \mathsf{b} \in B\}$.

(c) $A^{\otimes} =_{\mathrm{Df}} \{\#\} \cup A \cup (A \circ A) \cup \ldots$

$A =_{Df} [\mathfrak{P}(X^* \# X^*), \cup, \circ, ^{\otimes}]$ ist offensichtlich eine Algebra. Den von dieser Algebra erzeugten Hüllenoperator wollen wir mit Γ bezeichnen. Weiterhin definieren wir eine Funktion $s: X^* \# X^* \mapsto X^*$, die das Zeichen $\#$ tilgt; d. h. $s(p_1 \# p_2) =_{Df} p_1 p_2$. Weiter vereinbaren wir $s(A) =_{Df} \{s(p) \mid p \in A\}$. Dann gilt:

Satz 3.2 (WECHSUNG).

(a) *Ist $A \in \Gamma(E)$, so ist $s(A)$ eine lineare Sprache.*

(b) *Ist B eine lineare Sprache, so existiert eine Menge $A \in \Gamma(E)$ derart, daß gilt $s(A) = B$.*

Damit gelingt eine Beschreibung der linearen Sprachen[1]) durch Terme des KLEENE-Kalküls:

Wir wählen als Grundalphabet die Menge
$A' = \{\xi_1, \dots, \xi_k, \eta_1, \dots, \eta_k \cup \{\vee, \cdot, \langle, \rangle, (,)\}$.
In üblicher Weise werden aus den Zeichenreihen über A' die Terme ausgesondert, die wir im Hinblick auf unser Ziel *lineare Terme* nennen.

Definition 3.3.

(a) Die Elemente der Menge $\{\xi_1, \dots, \xi_k, \eta_1, \dots, \eta_k\}$ sind lineare Terme über X.

(b) Sind die Zeichenreihen Z_1 und Z_2 lineare Terme über X, so sind dies auch $(Z_1 \vee Z_2)$, $(Z_1 \cdot Z_2)$, $\langle Z_1 \rangle$, $\langle Z_2 \rangle$.

Ebenso wie in Abschnitt 2.1 vereinbaren wir die entsprechenden Namen und Klammereinsparungsregeln. Definition 3.3 unterscheidet sich von der im Falle der regulären Terme üblichen nur dadurch, daß hier die doppelte Anzahl von Individuenvariablen verwendet wird. Die linearen Terme werden durch die Abbildung ψ in folgender Weise interpretiert:

Definition 3.4.

(a) $\psi(\xi_i) = \{x_i \#\}$,
$\psi(\eta_i) = \{\# x_i\} \quad (i = 1, \dots, k)$;

(b) $\psi(\mathfrak{t}_1 \cdot \mathfrak{t}_2) = \psi(\mathfrak{t}_1) \circ \psi(\mathfrak{t}_2)$,
$\psi(\mathfrak{t}_1 \cup \mathfrak{t}_2) = \psi(\mathfrak{t}_1) \cup \psi(\mathfrak{t}_2)$,
$\psi(\langle \mathfrak{t} \rangle) = (\psi(\mathfrak{t}))^{\otimes}$.

Damit ist eine Beschreibung der Struktur von linearen Sprachen durch Terme des KLEENE-Kalküls möglich. Ein Beispiel soll dies noch verdeutlichen:

Beispiele. Es sei $X = \{a, b, c\}$ und $\mathfrak{t} = \eta_1 \xi_2 \langle \xi_3 \cup \eta_2 \rangle \cup \xi_1 \eta_3$. Die Interpretation ψ sei gegeben durch: $\psi(\xi_1) = \{\mathsf{a} \#\}$, $\psi(\xi_2) = \{\mathsf{b} \#\}$, $\psi(\xi_3) = \{\mathsf{c} \#\}$, $\psi(\eta_1) = \{\# \mathsf{a}\}$, $\psi(\eta_2) = \{\# \mathsf{b}\}$, $\psi(\eta_3) = \{\# \mathsf{c}\}$. Wir bestimmen einige Elemente der linearen Sprache $s(\psi(\mathfrak{t}))$:

$$\begin{aligned}\psi(\mathfrak{t}) &= \psi(\eta_1 \xi_2 \langle \xi_3 \vee \eta_2 \rangle \vee \xi_1 \eta_3) = \psi(\eta_1 \xi_2 \langle \xi_3 \vee \eta_2 \rangle) \cup \psi(\xi_1 \eta_3) = \\ &= \psi(\eta_1) \circ \psi(\xi_2) \circ (\psi(\xi_3 \cup \eta_2))^{\otimes} \cup \psi(\xi_1) \circ \psi(\eta_3) = \\ &= \{\# \mathsf{a}\} \circ \{\mathsf{b} \#\} \circ \{\{\mathsf{c} \#\} \cup \{\# \mathsf{b}\}\}^{\otimes} \cup \{\mathsf{a} \#\} \circ \{\# \mathsf{c}\} = \\ &= \{\mathsf{b} \# \mathsf{a}\} \circ \{\mathsf{c} \#, \# \mathsf{b}\}^{\otimes} \cup \{\mathsf{a} \# \mathsf{c}\} = \\ &= \{\mathsf{b} \# \mathsf{a}\} \circ (\{\#\} \cup \{\mathsf{c} \#, \# \mathsf{b}\} \cup \{\mathsf{cc} \#, \mathsf{c} \# \mathsf{b}, \# \mathsf{bb}\} \cup \cdots) \cup \\ &\quad \cup \{\mathsf{a} \# \mathsf{c}\} = \\ &= \{\mathsf{b} \# \mathsf{a}\} \cup (\{\mathsf{bc} \# \mathsf{a}, \mathsf{b} \# \mathsf{ba}\} \cup \{\mathsf{bc} \# \mathsf{ba}, \mathsf{bcc} \# \mathsf{a}, \mathsf{b} \# \mathsf{bba}\} \cup \\ &\quad \cup \cdots) \cup \{\mathsf{a} \# \mathsf{c}\}\,.\end{aligned}$$

Daraus ergibt sich $s(\psi(\mathfrak{t})) = \{\mathsf{ba}, \mathsf{ac}, \mathsf{bca}, \mathsf{bba}, \mathsf{bcca}, \mathsf{bcba}, \dots\}$.

---

[1]) Ebenso wie im regulären Falle beschränken wir uns auf nichtleere lineare Sprachen, in denen das leere Wort nicht vorkommt.

Im Zusammenhang mit [13] kann man sich davon überzeugen, daß alle Überlegungen, die im regulären Falle zu Normaltermen führten, auch auf den linearen Fall übertragen werden können. Insbesondere ist es auch hier möglich, die Operation $^{\otimes}$ auf folgende Weise zu definieren, ohne daß dabei die angegebene Beschreibungsmöglichkeit von linearen Sprachen durch Terme des KLEENE-Kalküls eingeschränkt wird: $A^{\otimes} =_{\mathrm{Df}} A \cup (A \circ A) \cup \cdots$.[1])

Um die vor uns stehende Aufgabe zu lösen, genügt es also, eine Aufzählung aller linearen Normalterme über X zu konstruieren und für diese den geforderten Suchalgorithmus anzugeben. Da die Beschreibungen der regulären und der linearen Sprachen im wesentlichen auf den gleichen syntaktischen Prinzipien beruhen, wird sich die Aufzählung der linearen Normalterme wenig von der Aufzählung der regulären Normalterme, wie sie im Abschnitt 2.1 beschrieben wurde, unterscheiden.

Wir definieren $\overline{X} =_{\mathrm{Df}} \{\xi_1, \dots, \xi_k, \eta_1, \dots, \eta_k\}$ und bilden in Analogie zu Abschnitt 2.1 die Mengen $\mathsf{F}_{\overline{X},\lambda}$ und $\mathsf{N}_{\overline{X},\lambda}$. Die Anordnung der Mengen $\mathsf{N}_{\overline{X},\lambda}$ für $\lambda = 1, 2, \dots$ erfolgt ebenfalls wie die Anordnung der Mengen $\mathsf{N}_{X,\lambda}$ in Abschnitt 2.1, und die Anordnung der Normalterme innerhalb der Mengen $\mathsf{N}_{\overline{X},\lambda}$ beruht wiederum auf der Ordnung der Mengen S_λ der Längenvektoren. Es sei nun $s_i^\lambda = [\alpha_1, \dots, \alpha_{\varkappa_i}]$ ein solcher Längenvektor. Im regulären Falle wurde jede Komponente α_j durch einen Fundamentalterm aus $\mathsf{F}_{X,\mathsf{l}(\alpha_j)}$ ersetzt. Im jetzt betrachteten linearen Fall wird jede Komponente durch einen Fundamentalterm aus $\mathsf{F}_{\overline{X},\mathsf{l}(\alpha_j)}$ ersetzt. Das Ordnungsprinzip der Mengen $\mathsf{F}_{\overline{X},\lambda}$ wird völlig analog zu dem im regulären Fall gestaltet. Die Reihenfolge der Elemente von X wird wie in der Definition von $\overline{X}$ gewählt.

3.2. Konstruktion eines Erkennungsalgorithmus für lineare Sprachen[2])

Wir verwenden die gleichen Bezeichnungen wie in Abschnitt 2.1 und kennzeichnen die lineare Interpretation der Begriffe jeweils durch einen Index l. Das Lemma 2.2 gilt in der angegebenen Form im linearen Falle nicht, da Anfangs- und Endsymbol der Wörter in einer von einem linearen Fundamentalterm $\mathfrak{t}$ erzeugten Wortmenge nicht mit den (interpretierten) Anfangs- und Endsymbolen von $\mathfrak{t}$ übereinstimmen müssen. Wenn wir die im vorigen Beispiel angegebene Interpretation ψ verwenden, so gilt z.B. $\mathsf{aacbb} \in s(\psi(\langle \xi_1\eta_2 \rangle\, \xi_3))$, aber während das Wort aacbb mit dem Buchstaben b endet, endet der Term $\langle \xi_1\eta_2 \rangle\, \xi_3$ mit dem Symbol ξ_3, welches bei der angegebenen Interpretation dem Buchstaben c entspricht. Folgende Abänderung der Formulierung von Lemma 2.2 ist jedoch richtig:

Lemma 3.5. *Es sei* $\mathfrak{t} \in \mathsf{F}_{l,X}$ *und* $W \subseteqq s(\psi(\mathfrak{t}))$. *Dann gilt:*

$$\forall p_1 \forall p_2 \big(p_1, p_2 \in W \to b(p_1) = b(p_2) \wedge e(p_1) = e(p_2) \wedge a(p_1) = a(p_2)\big)\,.$$

Das ist jedoch gerade die Aussage, die für unsere Belange eigentlich interessiert, so daß auch für den linearen Fall der erste Schritt in der Aufstellung der Mengen T_i besteht. Da die lineare Interpretation von Satz 2.4 ebenfalls richtig ist, kann die Bestimmung von $\mathsf{H}_l(\mathsf{T})$ wiederum auf die Berechnung der Terme $\mathsf{H}_l(\circ\, \mathsf{T}_i)$ zurückgeführt werden. Analog zum regulären Fall benötigen wir dazu die Mengen $E_l(\mathsf{T}_i)$.

Es sei nun die Menge T_i gegeben. In bekannter Weise bestimmen wir $\mathfrak{P}_i =_{\mathrm{Df}} \{P_1^i, \dots, P_{\pi_i}^i\}$. Man überzeugt sich leicht, daß bei entsprechender linearer Interpretation Lemma 2.6 ebenfalls richtig ist. Die daraus resultierenden Schritte im Suchalgorithmus,

---

[1]) Durch diese Definition wird erreicht, daß das leere Wort nicht in der Interpretation der Iteration enthalten ist.

[2]) Da dieser Algorithmus nach dem gleichen Grundprinzip arbeitet, wie der in Abschnitt 2.2 beschriebene, verzichten wir auf eine Markierung der einzelnen Schritte. Es sei jedoch auch hier ein paralleles Durcharbeiten der Abschnitte 3.2 und 3.3 empfohlen.

wie z.B. Verkürzbarkeitstests und Streichungsoperationen in $\mathfrak{P}_i$ werden auch im Suchalgorithmus für lineare Sprachen ausgeführt. Hier treten jedoch die ersten echten Unterschiede zum Suchalgorithmus für reguläre Sprachen auf, die sich aus dem Übergang vom Wort p zum beschreibenden Fundamentalterm t mit $p \in s(\psi(\mathsf{t}))$ ergeben: Es sei $p = \mathsf{x}_1\mathsf{x}_2 \cdots \mathsf{x}_n$. Wir suchen einen linearen Fundamentalterm t derart, daß $p \in s(\psi(\mathsf{t}))$ gilt. Auf Grund von Satz 3.2 muß zunächst $s^{-1}(p)$ gebildet werden: $s^{-1}(p) = \{\# \mathsf{x}_1\mathsf{x}_2 \cdots \mathsf{x}_n, \mathsf{x}_1 \# \mathsf{x}_2 \cdots \mathsf{x}_n, \ldots, \mathsf{x}_1\mathsf{x}_2 \cdots \mathsf{x}_n \#\}$. Von jedem Element von $s^{-1}(p)$ kann nun gemäß Definition 3.4 zu linearen Fundamentaltermen übergegangen werden, die dieses Element erzeugen. Das folgende Beispiel soll diesen Übergang verdeutlichen:

Es sei $p = \mathsf{aab}$ und die Interpretation ψ sei folgendermaßen festgelegt:

$$\psi(\xi_1) =_{\mathrm{Df}} \{\mathsf{a}\,\#\}, \quad \psi(\xi_2) =_{\mathrm{Df}} \{\mathsf{b}\,\#\}, \quad \psi(\eta_1) =_{\mathrm{Df}} \{\#\,\mathsf{a}\}, \quad \psi(\eta_2) =_{\mathrm{Df}} \{\#\,\mathsf{b}\}.$$

Wir wählen uns aus $s^{-1}(p)$ das Element $\mathsf{aa} \# \mathsf{b}$ heraus und suchen lineare Fundamentalterme t, für die $\mathsf{aa} \# \mathsf{b} \in \psi(\mathsf{t})$ gilt. Solche Fundamentalterme sind z.B. $\xi_1\xi_1\eta_2$, $\eta_2\xi_1\xi_1$, $\langle\xi_1\rangle\,\eta_2$, $\langle\!\langle\eta_2\rangle\,\langle\xi_1\rangle\!\rangle$ usw.

Um die Verkürzungsmöglichkeiten eines Wortes p im linearen Fall zu testen, geht man zunächst von p zu $s^{-1}(p)$ über. Für jedes Element von $s^{-1}(p)$ werden nun alle iterationsfreien Fundamentalterme aufgestellt, die p erzeugen; d. h., wir bilden die Menge

$$S(p) =_{\mathrm{Df}} \bigcup_{\delta \in s^{-1}(p)} \{\mathsf{t} \mid \mathsf{t} \in \mathsf{F}_{l,X} \wedge \mathsf{t} \text{ ist iterationsfrei} \wedge \psi(\mathsf{t}) = \delta\}\,.$$

Damit kann die Verkürzbarkeit für den linearen Fall definiert werden:

Definition 3.6. Es seien $p \in X^*$ und $n \in \mathbb{N} \setminus \{0\}$. p heißt (*linear*) *auf n verkürzbar* $=_{\mathrm{Df}}$

$$\exists \mathsf{t} \exists \delta\big(\mathsf{t} \in \mathsf{F}_{l,X} \wedge \delta \in s^{-1}(p) \wedge \delta \in \psi(\mathsf{t}) \wedge \mathsf{l}(\mathsf{t}) \leqq n\big)\,.$$

Die formale Gleichheit der linearen und der regulären Terme gestattet es, die Prüfung der Verkürzbarkeit zu vereinfachen. Es sei φ die in Abschnitt 2.1 angegebene Interpretation der regulären Terme.[1]) Man überlegt sich leicht, daß dann ein Wort p genau dann auf n verkürzbar ist, wenn es einen linearen Fundamentalterm $\mathsf{t} \in \mathsf{F}_{l,X}$ und ein $\gamma \in S(p)$ derart gibt, daß $\gamma \in \varphi(\mathsf{t})$ und $\mathsf{l}(\mathsf{t}) \leqq n$ ist. Damit kann von einer gegebenen Menge P_j^i die Verkürzbarkeit folgendermaßen getestet werden: Man bildet für jedes $p_\iota \in P_j^i$ die Menge $S(p_\iota)$ und prüft, ob es in jeder Menge $S(p_\iota)$ ein Element gibt, das in gewohnter regulärer Weise auf $\mu(P_j^i)$ bzw. $\mu(P_j^i) - 1$ verkürzbar ist. Das folgende Beispiel soll dies veranschaulichen:

Beispiel. Es sei $P_j^i = \{\mathsf{aabb}, \mathsf{ab}, \mathsf{abbb}\}$. Damit gilt $\mu(P_j^i) = 2$. Wir prüfen nun, ob jedes Element von P_j^i auf 2 verkürzbar ist. (Die Interpretation ψ ist dieselbe wie im vorhergehenden Beispiel.) Offensichtlich gilt $\xi_1\xi_1\xi_2\xi_2 \in S(\mathsf{aabb})$. Dieser Term wird nun wie ein regulärer Term behandelt und auf Verkürzbarkeit untersucht. Man sieht sofort, daß der Term $\xi_1\xi_1\xi_2\xi_2$ auf 2 verkürzbar ist; denn es gilt $\xi_1\xi_1\xi_2\xi_2 \in \varphi(\langle\xi_1\rangle\,\langle\xi_2\rangle)$. Damit ist also auch aabb (im linearen Bereich) auf 2 verkürzbar. Analog überlegt man sich, daß auch abbb auf 2 verkürzbar ist; denn es gilt $\xi_1\xi_1\xi_2\xi_2 \in S(\mathsf{abbb})$ und $\xi_1\xi_2\xi_2\xi_2 \in \varphi(\xi_1\langle\xi_2\rangle)$.

Alle weiteren Schritte laufen analog zum Erkennungsalgorithmus für reguläre Sprachen ab; d. h. Bildung der Mengen $V_l^{\mu(P_j^i)}(p)$, $V_{l,\mathsf{T}}^{\mu(P_j^i)}(p)$, $K_{l,\mathsf{T}}^{\mu(P_j^i)}(p)$, $Z_{l,\mathsf{T}}^{\mu(P_j^i)}(p)$, $E_l(\mathsf{T}_i)$ und die Auswahl des Termes $\mathsf{H}_l(\circ\, \mathsf{T}_i)$. Die lineare Entsprechung von Satz 2.3 ist ebenfalls richtig. Der gesamte Rest des Algorithmus läuft also völlig analog zum Erkennungsalgorithmus für reguläre Sprachen ab. Der Unterschied besteht nur darin,

[1]) D. h. $\varphi(\xi_i) = \{\xi_i\}$ und $\varphi(\eta_i) = \{\eta_i\}$.

daß die zu verarbeitenden Termmengen umfangreicher sind, was durch die Mehrdeutigkeit von s^{-1} verursacht wird. Im folgenden Beispiel wird die Arbeitsweise des angegebenen Erkennungsalgorithmus für lineare Sprachen noch einmal verdeutlicht.

3.3. Ein Beispiel für die Erkennung linearer Sprachen nach dem angegebenen Algorithmus[1])

Als Eingangsinformation wählen wir wieder die Menge

$$\mathsf{T} = \{[\mathsf{ab}, 1], [\mathsf{abab}, 0], [\mathsf{aabb}, 1], [\mathsf{ccaa}, 1], [\mathsf{ca}, 1], [\mathsf{aaba}, 0], [\mathsf{abbb}, 1], [\mathsf{cca}, 0]\} .$$

Nur suchen wir diesmal den linearen Normalterm, der mit T verträglich ist und bezüglich der angegebenen Aufzählung die kleinste Nummer hat. Wir wollen dieses Beispiel nur in seinen wesentlichen Schritten behandeln und i. allg. auf Zwischenkommentare verzichten.

Als Interpretation ψ verwenden wir wieder:

$$\psi(\xi_1) = \{\mathsf{a}\,\#\},\ \psi(\xi_2) = \{\mathsf{b}\,\#\},\ \psi(\xi_3) = \{\mathsf{c}\,\#\};$$

$$\psi(\eta_1) = \{\#\,\mathsf{a}\},\ \psi(\eta_2) = \{\#\,\mathsf{b}\},\ \psi(\eta_3) = \{\#\,\mathsf{c}\} .$$

$$\mathsf{T}_1 = \{\mathsf{ab}, \mathsf{aabb}, \mathsf{abbb}\} ,$$

$$\mathsf{T}_2 = \{\mathsf{ccaa}, \mathsf{ca}\} .$$

$$\mathfrak{P}_1 = \{\{\mathsf{ab}, \mathsf{aabb}\}, \{\mathsf{ab}, \mathsf{abbb}\}, \{\mathsf{aabb}, \mathsf{abbb}\}, \{\mathsf{ab}, \mathsf{aabb}, \mathsf{abbb}\}\} = \\ = \{P_1^1, P_2^1, P_3^1, P_4^1\} .$$

Wir beginnen mit P_1^1:

$$\mu(P_1^1) = 2 .$$

$$s^{-1}(\mathsf{ab}) = \{\#\,\mathsf{ab}, \mathsf{a}\,\#\,\mathsf{b}, \mathsf{ab}\,\#\}$$

$$S(\mathsf{ab}) = \{\eta_2\eta_1, \xi_1\eta_2, \eta_2\xi_1, \xi_1\xi_2\}$$

$$s^{-1}(\mathsf{aabb}) = \{\#\,\mathsf{aabb}, \mathsf{a}\,\#\,\mathsf{abb}, \mathsf{aa}\,\#\,\mathsf{bb}, \mathsf{aab}\,\#\,\mathsf{b}, \mathsf{aabb}\,\#\}$$

$$S(\mathsf{aabb}) = \{\eta_2\eta_2\eta_1\eta_1, \eta_2\eta_2\eta_1\xi_1, \eta_2\eta_2\xi_1\eta_1, \eta_2\xi_1\eta_2\eta_1, \\ \xi_1\eta_2\eta_2\eta_1, \xi_1\xi_1\eta_2\eta_2, \xi_1\eta_2\xi_1\eta_2, \xi_1\eta_2\eta_2\xi_1, \\ \eta_2\eta_2\xi_1\xi_1, \xi_1\xi_1\xi_2\eta_2, \xi_1\eta_2\xi_1\xi_2, \eta_2\xi_1\xi_1\xi_2, \\ \xi_1\xi_1\eta_2\xi_2, \xi_1\xi_1\xi_2\xi_2, \eta_2\xi_1\eta_2\xi_1, \eta_2\xi_1\xi_1\eta_2\}$$

Offensichtlich ist aabb auf 2 verkürzbar; denn es gilt z. B. $\mathsf{aabb} \in s(\psi(\langle\eta_2\rangle\,\langle\eta_1\rangle))$. Wir bilden also:

$$V_1^2(\mathsf{ab}) = \{\eta_2\eta_1, \xi_1\eta_2, \eta_2\xi_1, \xi_1\xi_2\} ,$$

$$V_1^2(\mathsf{aabb}) = \{\langle\eta_2\rangle\,\langle\eta_1\rangle, \langle\xi_1\rangle\,\langle\eta_2\rangle, \langle\xi_1\eta_2\rangle, \langle\eta_2\rangle\,\langle\xi_1\rangle, \langle\xi_1\rangle\,\langle\xi_2\rangle, \langle\eta_2\xi_1\rangle\} .$$

Das Wort abab ist auf 2 verkürzbar. Damit gilt $Q_1^1 = \{\mathsf{abab}\}$. Da kein Term aus $V_1^2(\mathsf{ab})$ ein Element aus Q_1^1 erzeugt, gilt $V_{l,\mathsf{T}}^2(\mathsf{ab}) = V_l^2(\mathsf{ab})$, woraus sich ergibt:

$$K_{l,\mathsf{T}}^2(\mathsf{ab}) = \{\eta_2\eta_1, \langle\eta_2\rangle\,\eta_1, \eta_2\langle\eta_1\rangle, \langle\eta_2\rangle\,\langle\eta_1\rangle, \langle\langle\eta_2\rangle\,\eta_1\rangle, \dots, \langle\xi_1\xi_2\rangle\} .$$

[1]) Vgl. einführende Bemerkungen in Abschnitt 2.3.

Wegen $Q_1^1 = \{\mathsf{abab}\}$ gilt:

$$\begin{aligned} Z_{l,\mathsf{T}}^2(\mathsf{ab}) = \{&\eta_2\eta_1, \langle\eta_2\rangle\,\eta_1, \eta_2\langle\eta_1\rangle, \langle\eta_2\rangle\,\langle\eta_1\rangle,\\ &\xi_1\eta_2, \dots, \quad \langle\xi_1\rangle\,\langle\eta_2\rangle, \langle\xi_1\eta_2\rangle, \langle\!\langle\xi_1\rangle\,\eta_2\rangle, \langle\xi_1\rangle\eta_2\rangle\!\rangle, \langle\!\langle\xi_1\rangle\,\langle\eta_2\rangle\!\rangle,\\ &\eta_2\xi_1, \dots, \quad \langle\eta_2\rangle\,\langle\xi_1\rangle, \langle\eta_2\xi_1\rangle, \langle\!\langle\eta_2\rangle\,\xi_1\rangle, \langle\eta_2\langle\xi_1\rangle\!\rangle, \langle\!\langle\eta_2\rangle\,\langle\xi_1\rangle\!\rangle,\\ &\xi_1\xi_2, \dots, \quad \langle\xi_1\rangle\,\langle\xi_2\rangle\}\,. \end{aligned}$$

Wir gehen nun zu $\mathsf{aabb} \in P_1^1$ über. Es gilt offensichtlich $V_{l,\mathsf{T}}^2(\mathsf{aabb}) = V_l^2(\mathsf{aabb})$. Daraus folgt

$$\begin{aligned} K_{l,\mathsf{T}}^2(\mathsf{aabb}) = \{&\langle\eta_2\rangle\,\langle\eta_1\rangle, \langle\!\langle\eta_2\rangle\,\langle\eta_1\rangle\!\rangle, \langle\xi_1\rangle\,\langle\eta_2\rangle, \langle\!\langle\xi_1\rangle\,\langle\eta_2\rangle\!\rangle, \langle\eta_2\xi_1\rangle\,\langle\xi_1\eta_2\rangle,\\ &\langle\!\langle\xi_1\rangle\,\eta_2\rangle, \langle\xi_1\langle\eta_2\rangle\!\rangle, \langle\!\langle\xi_1\rangle\,\langle\eta_2\rangle\!\rangle, \langle\!\langle\eta_2\rangle\,\xi_1\rangle, \langle\eta_2\langle\xi_1\rangle\!\rangle,\\ &\langle\eta_2\rangle\,\langle\xi_1\rangle, \langle\!\langle\eta_2\rangle\,\langle\xi_1\rangle\!\rangle, \langle\xi_1\rangle\,\langle\xi_2\rangle, \langle\!\langle\xi_1\rangle\,\langle\xi_2\rangle\!\rangle\}\,, \end{aligned}$$

woraus sich ergibt:

$$\begin{aligned} Z_{l,\mathsf{T}}^2(\mathsf{aabb}) = \{&\langle\eta_2\rangle\,\langle\eta_1\rangle, \langle\xi_1\rangle\,\langle\eta_2\rangle, \langle\xi_1\eta_2\rangle, \langle\!\langle\xi_1\rangle\,\eta_2\rangle, \langle\xi_1\langle\eta_2\rangle\!\rangle,\\ &\langle\!\langle\xi_1\rangle\,\langle\eta_2\rangle\!\rangle, \langle\eta_2\rangle\,\langle\xi_1\rangle, \langle\!\langle\eta_2\rangle\,\langle\xi_1\rangle\!\rangle, \langle\xi_1\rangle\,\langle\xi_2\rangle, \langle\eta_2\xi_1\rangle,\\ &\langle\!\langle\eta_2\rangle\,\xi_1\rangle, \langle\eta_2\langle\xi_1\rangle\!\rangle\}\,. \end{aligned}$$

Folglich gilt:

$$\begin{aligned} D_1^1 = \{&\langle\eta_2\rangle\,\langle\eta_1\rangle, \langle\xi_1\rangle\,\langle\eta_2\rangle, \langle\eta_2\rangle\,\langle\xi_1\rangle, \langle\xi_1\rangle\,\langle\xi_2\rangle, \langle\xi_1\eta_2\rangle, \langle\!\langle\xi_1\rangle\,\eta_2\rangle,\\ &\langle\xi_1\langle\eta_2\rangle\!\rangle, \langle\!\langle\xi_1\rangle\,\langle\eta_2\rangle\!\rangle, \langle\eta_2\xi_1\rangle, \langle\!\langle\eta_2\rangle\,\xi_1\rangle, \langle\eta_2\langle\xi_1\rangle\!\rangle, \langle\!\langle\eta_2\rangle\,\langle\xi_1\rangle\!\rangle\}\,. \end{aligned}$$

Betrachten wir nun $P_2^1 = \{\mathsf{ab}, \mathsf{abbb}\}$. Offensichtlich gilt $\mu(P_2^1) = 2$. Alle Wörter aus P_2^1 sind auf 2 verkürzbar, und es gibt auch nicht mehrere Wörter der Länge 2 in P_2^1. Die Menge $Z_{l,\mathsf{T}}^2(\mathsf{ab})$ können wir aus der vorigen Betrachtung entnehmen. Wir bearbeiten nun das Wort abbb:

$$\begin{aligned} s^{-1}(\mathsf{abbb}) &= \{\#\,\mathsf{abbb}, \mathsf{a}\,\#\,\mathsf{bbb}, \mathsf{ab}\,\#\,\mathsf{bb}, \mathsf{abb}\,\#\,\mathsf{b}, \mathsf{abbb}\,\#\}\,;\\ S(\mathsf{abbb}) &= \{\eta_2\eta_2\eta_2\eta_1, \xi_1\eta_2\eta_2\eta_2, \eta_2\xi_1\eta_2\eta_2, \eta_2\eta_2\xi_1\eta_2,\\ &\qquad \eta_2\eta_2\eta_2\xi_1, \xi_1\eta_2\xi_2\eta_2, \xi_1\eta_2\eta_2\xi_2, \xi_1\xi_2\eta_2\eta_2,\\ &\qquad \eta_2\eta_2\xi_1\xi_2, \eta_2\xi_1\eta_2\xi_2, \eta_2\xi_1\xi_2\eta_2, \xi_1\xi_2\xi_2\eta_2\,,\\ &\qquad \xi_1\xi_2\eta_2\xi_2, \xi_1\eta_2\xi_2\xi_2, \eta_2\xi_1\xi_2\xi_2, \xi_1\xi_2\xi_2\xi_2\}\,;\\ V_l^2(\mathsf{abbb}) &= \{\langle\eta_2\rangle\,\eta_1, \langle\eta_2\rangle\,\xi_1, \xi_1\langle\eta_2\rangle, \xi_1\langle\xi_2\rangle\}\,. \end{aligned}$$

Da $Q_2^1 = \{\mathsf{abab}\}$ ist, gilt $V_{l,\mathsf{T}}^2(\mathsf{abbb}) = V_l^2(\mathsf{abbb})$.

$$\begin{aligned} K_{\mathsf{T},l}^2(\mathsf{abbb}) = \{&\langle\eta_2\rangle\,\eta_1, \langle\eta_2\rangle\,\langle\eta_1\rangle, \langle\!\langle\eta_2\rangle\,\eta_1\rangle, \langle\!\langle\eta_2\rangle\,\langle\eta_2\rangle\!\rangle, \langle\eta_2\rangle\,\xi_1, \langle\eta_2\rangle\,\langle\xi_1\rangle,\\ &\langle\!\langle\eta_2\rangle\,\xi_1\rangle, \langle\!\langle\eta_2\rangle\,\langle\xi_1\rangle\!\rangle, \xi_1\langle\eta_2\rangle, \langle\xi_1\rangle\,\langle\eta_2\rangle, \langle\xi_1\langle\eta_2\rangle\!\rangle,\\ &\xi_1\langle\xi_2\rangle, \langle\xi_1\rangle\,\langle\xi_2\rangle, \langle\xi_1\langle\xi_2\rangle\!\rangle, \langle\!\langle\xi_1\rangle\,\langle\xi_2\rangle\!\rangle\}\,,\\ Z_{l,\mathsf{T}}^2(\mathsf{abbb}) = \{&\langle\eta_2\rangle\,\eta_1, \langle\eta_2\rangle\,\langle\eta_1\rangle, \langle\eta_2\rangle, \xi_1, \langle\eta_2\rangle\,\langle\xi_1\rangle, \langle\!\langle\eta_2\rangle\,\xi_1\rangle, \langle\!\langle\eta_2\rangle\,\langle\xi_1\rangle\!\rangle,\\ &\xi_1\langle\eta_2\rangle, \langle\xi_1\rangle\,\langle\eta_2\rangle, \langle\xi_1\langle\eta_2\rangle\!\rangle, \langle\!\langle\xi_1\rangle\,\langle\eta_2\rangle\!\rangle, \xi_1\langle\xi_2\rangle, \langle\xi_1\rangle\,\langle\xi_2\rangle\}\,,\\ D_2^1 = \{&\langle\eta_2\rangle\,\eta_1, \langle\eta_2\rangle\,\langle\eta_1\rangle, \xi_1\langle\eta_2\rangle, \langle\xi_1\rangle\,\langle\eta_2\rangle, \langle\eta_2\rangle\,\xi_1, \langle\eta_2\rangle\,\langle\xi_1\rangle,\\ &\xi_1\langle\xi_2\rangle, \langle\xi_1\rangle\,\langle\xi_2\rangle\}\,. \end{aligned}$$

Als nächstes muß $P_3^1 = \{\mathsf{aabb}, \mathsf{abbb}\}$ untersucht werden. Offensichtlich ist $\mu(P_3^1)=4$. Alle Wörter aus P_3^1 sind auf 4 verkürzbar. Es gibt aber auch zwei Wörter der Länge 4. Jedes Wort aus P_3^1 ist jedoch auch auf 3 verkürzbar. Wir verzichten auf die Zwischenschritte und geben nur das Ergebnis an:

$$\begin{aligned} D_3^1 = \{ & \langle\xi_1\rangle \langle\eta_2\rangle \eta_2, \langle\xi_1\rangle \langle\eta_2\rangle \langle\eta_2\rangle, \langle\!\langle\xi_1\rangle \langle\eta_2\rangle\!\rangle \eta_2, \langle\xi_1\rangle \langle\!\langle\eta_2\rangle \eta_2\rangle, \\ & \langle\!\langle\xi_1\rangle \langle\eta_2\rangle \eta_2\rangle, \langle\!\langle\xi_1\rangle \langle\eta_2\rangle\!\rangle \langle\eta_2\rangle, \langle\!\langle\xi_1\rangle \langle\!\langle\eta_2\rangle \langle\eta_2\rangle\!\rangle, \langle\!\langle\xi_1\rangle \langle\eta_2\rangle \langle\eta_2\rangle\!\rangle, \\ & \langle\!\langle\xi_1\rangle \langle\eta_2\rangle\!\rangle, \langle\eta_2\rangle \langle\xi_1\rangle, \langle\!\langle\eta_2\rangle \langle\xi_1\rangle\!\rangle, \langle\xi_1\rangle \langle\xi_2\rangle \eta_2, \langle\xi_1\rangle \langle\xi_2\rangle \langle\eta_2\rangle, \\ & \langle\!\langle\xi_1\rangle \langle\xi_2\rangle\!\rangle \langle\eta_2\rangle, \langle\xi_1\rangle \langle\!\langle\xi_2\rangle \langle\eta_2\rangle\!\rangle, \langle\!\langle\langle\xi_1\rangle \langle\xi_2\rangle\!\rangle \langle\eta_2\rangle\!\rangle, \langle\!\langle\xi_1\rangle \langle\!\langle\xi_2\rangle \langle\eta_2\rangle\rangle\!\rangle, \\ & \langle\!\langle\xi_1\langle \langle\xi_2\rangle \langle\eta_2\rangle\!\rangle, \langle\xi_1\rangle \langle\xi_2\rangle, \langle\xi_1\rangle \langle\xi_2\rangle \langle\xi_2\rangle, \\ & \langle\!\langle\xi_1\rangle \langle\xi_2\rangle\!\rangle \xi_2, \langle\xi_1\rangle \langle\!\langle\xi_2\rangle \xi_2\rangle, \langle\!\langle\xi_1\rangle \langle\xi_2\rangle \langle\xi_2\rangle\!\rangle, \langle\!\langle\xi_1\rangle \langle\xi_2\rangle\!\rangle \langle\xi_2\rangle, \\ & \langle\xi_1\rangle \langle\!\langle\xi_2\rangle \langle\xi_2\rangle\!\rangle, \langle\!\langle\langle\xi_1\rangle \langle\xi_2\rangle\!\rangle \langle\xi_2\rangle\!\rangle, \langle\!\langle\xi_1\rangle \langle\xi_2\rangle \xi_2\rangle, \langle\!\langle\xi_1\rangle \langle\!\langle\xi_2\rangle \langle\xi_2\rangle\rangle\!\rangle, \\ & \langle\!\langle\langle\xi_1\rangle \langle\xi_2\rangle\!\rangle \xi_2\rangle, \langle\!\langle\xi_1\rangle \langle\!\langle\xi_2\rangle \xi_2\rangle\!\rangle\} \,. \end{aligned}$$

Für D_4^1 ergibt sich:

$$\begin{aligned} D_4^1 = \{ & \langle\eta_2\rangle \langle\eta_1\rangle, \langle\xi_1\rangle \langle\eta_2\rangle, \langle\xi_1\langle\eta_2\rangle\!\rangle, \langle\!\langle\xi_1\rangle \langle\eta_2\rangle\!\rangle, \langle\eta_2\rangle \langle\xi_1\rangle\!\rangle, \langle\!\langle\eta_2\rangle \xi_1\rangle, \\ & \langle\!\langle\eta_2\rangle \langle\xi_1\rangle\!\rangle, \langle\xi_1\rangle \langle\xi_2\rangle\} \,. \end{aligned}$$

Wir stellen nun die Tabelle für T_1 auf:

	$p_1 = \mathsf{ab}$	$p_2 = \mathsf{aabb}$	$p_3 = \mathsf{abbb}$
P_1^1	*	*	
P_2^1	*		*
P_3^1		*	*
P_4^1	*	*	*
$\{p_1\}$	*		
$\{p_2\}$		*	
$\{p_3\}$			*

$$\begin{aligned} & \mathfrak{M}_1 = \{\mathfrak{T}_1, \dots, \mathfrak{T}_8\}, \text{ wobei } \mathfrak{T}_1 = \{P_1^1, P_2^1\}, \mathfrak{T}_2 = \{P_1^1, P_3^1\}\,, \\ & \mathfrak{T}_3 = \{P_2^1, P_3^1\}, \mathfrak{T}_4 = \{P_4^1\}, \mathfrak{T}_5 = \{P_1^1, \{p_3\}\}, \mathfrak{T}_6 = \{P_2^1, \{p_2\}\}\,, \\ & \mathfrak{T}_7 = \{P_3^1, \{p_1\}\}, \mathfrak{T}_8 = \{\{p_1\}, \{p_2\}, \{p_3\}\}\,. \end{aligned}$$

Da $\varrho(D_1^1) = 2$, $\varrho(D_2^1) = 2$, $\varrho(D_3^1) = 2$, $\varrho(D_4^1) = 2$, $\varrho'(p_1) = 2$, $\varrho'(p_2) = 2$, $\varrho'(p_3) = 2$, hat die Tabelle $\mathfrak{T}_4$ die kürzeste Länge. Damit gilt $E_l(\mathsf{T}_1) = D_4^1$. Unter Anwendung des beschriebenen Auswahlprinzips erhalten wir schließlich $\mathsf{H}_l(\circ\, \mathsf{T}_1) = \langle\xi_1\rangle \langle\xi_2\rangle$.

Bearbeiten wir nun $\mathsf{T}_2 = \{\mathsf{ccaa}, \mathsf{ca}\}$. Da T_2 nur zwei Elemente enthält, erhalten wir $\mathfrak{P}_2 = \{\{\mathsf{ccaa}, \mathsf{ca}\}\} = \{P_1^2\}$. Offensichtlich ist $\mu(P_1^2) = 2$, alle Elemente von P_1^2 sind auf 2 verkürzbar, und es gibt auch nicht mehrere Wörter der Länge 2.

$$\begin{aligned} s^{-1}(\mathsf{ccaa}) &= \{\# \,\mathsf{ccaa}, \mathsf{c} \,\#\, \mathsf{caa}, \mathsf{cc} \,\#\, \mathsf{aa}, \mathsf{cca} \,\#\, \mathsf{a}, \mathsf{ccaa}\, \#\}\,, \\ S(\mathsf{ccaa}) &= \{\eta_1\eta_1\eta_3\eta_3, \eta_1\eta_1\eta_3\xi_3, \eta_1\eta_1\xi_3\eta_3, \eta_1\xi_3\eta_1\eta_3, \xi_3\eta_1\eta_1\eta_3, \xi_3\xi_3\eta_1\eta_1, \xi_3\eta_1\xi_3\eta_1, \\ &\quad\ \xi_3\eta_1\eta_1\xi_3, \eta_1\eta_1\xi_3\xi_3, \xi_3\xi_3\xi_1\eta_1, \xi_3\eta_1\xi_3\xi_1, \eta_1\xi_3\xi_3\xi_1, \xi_3\xi_3\eta_1\xi_1, \xi_3\xi_3\xi_1\xi_1, \\ &\quad\ \eta_1\xi_3\eta_1\xi_3, \eta_1\xi_3\xi_3\eta_1\}\,, \\ V_l^2(\mathsf{ccaa}) &= \{\langle\eta_1\rangle \langle\eta_3\rangle, \langle\xi_3\rangle \langle\eta_1\rangle, \langle\xi_3\eta_1\rangle, \langle\eta_1\rangle \langle\xi_3\rangle, \langle\xi_3\rangle \langle\xi_1\rangle, \langle\eta_1\xi_3\rangle\}\,, \\ V_l^2(\mathsf{ca}) &= \{\eta_1\eta_3, \xi_3\eta_1, \eta_1\xi_3, \xi_3\xi_1\}\,. \end{aligned}$$

Das Wort cca ist auf 2 verkürzbar. Damit gilt $Q_1^2 = \{\mathsf{cca}\}$. Da kein Term aus $V_l^2(\mathsf{ca})$ das Element $\mathsf{cca} \in \mathsf{T}^0$ erzeugt, gilt $V_{l,\mathsf{T}}^2(\mathsf{ca}) = V_l^2(\mathsf{ca})$, woraus sich

$$\begin{aligned} K_{l,\mathsf{T}}^2(\mathsf{ca}) = \{ & \eta_1\eta_3, \langle\eta_1\rangle \eta_3, \eta_1\langle\eta_3\rangle, \langle\eta_1\rangle \langle\eta_3\rangle, \langle\!\langle\eta_1\rangle \eta_3\rangle, \langle\eta_1\langle\eta_3\rangle\!\rangle, \\ & \langle\!\langle\eta_1\rangle \langle\eta_3\rangle\!\rangle, \langle\eta_1\eta_3\rangle, \xi_3\eta_1, \dots, \langle\xi_3\xi_1\rangle\} \end{aligned}$$

ergibt.

Wegen $Q_1^2 = \{\mathsf{cca}\}$ gilt

$$Z_{l,\mathsf{T}}^2(\mathsf{ca}) = \{\eta_1\eta_3, \langle\eta_1\rangle\,\eta_3, \langle\eta_1\eta_3\rangle, \langle\!\langle\eta_1\rangle\,\eta_3\rangle, \xi_3\eta_1, \xi_3\langle\eta_1\rangle, \langle\xi_3\langle\eta_1\rangle\!\rangle,$$
$$\langle\xi_3\eta_1\rangle, \eta_1\xi_3, \langle\eta_1\rangle\,\xi_3, \langle\!\langle\eta_1\rangle\,\xi_3\rangle, \langle\eta_1\xi_3\rangle, \xi_3\xi_1, \xi_3\langle\xi_1\rangle, \langle\xi_3\langle\xi_1\rangle\!\rangle,$$
$$\langle\xi_3\xi_1\rangle\};$$

$$V_{l,\mathsf{T}}^2(\mathsf{ccaa}) = \{\langle\xi_3\eta_1\rangle, \langle\eta_1\xi_3\rangle\},$$

$$K_{l,\mathsf{T}}^2(\mathsf{ccaa}) = \{\langle\xi_3\eta_1\rangle, \langle\!\langle\xi_3\rangle\,\eta_1\rangle, \langle\xi_3\langle\eta_1\rangle\!\rangle, \langle\!\langle\xi_3\rangle\,\langle\eta_1\rangle\!\rangle, \langle\eta_1\xi_3\rangle, \langle\!\langle\eta_1\rangle\,\xi_3\rangle,$$
$$\langle\eta_1\langle\xi_3\rangle\!\rangle, \langle\!\langle\eta_1\rangle\,\langle\xi_3\rangle\!\rangle\},$$

$$Z_{l,\mathsf{T}}^2(\mathsf{ccaa}) = \{\langle\xi_3\eta_1\rangle, \langle\xi_3\langle\eta_1\rangle\!\rangle, \langle\eta_1\xi_3\rangle, \langle\!\langle\eta_1\rangle\,\xi_3\rangle\}.$$

Folglich gilt

$$D_1^2 = \{\langle\xi_3\eta_1\rangle, \langle\xi_3\langle\eta_1\rangle\!\rangle, \langle\eta_1\xi_3\rangle, \langle\!\langle\eta_1\rangle\,\xi_3\rangle\},$$

woraus sich $\mathsf{H}_l(\circ\,\mathsf{T}_2) = \langle\xi_3\eta_1\rangle$ ergibt. Damit erhalten wir

$$\mathsf{H}_l(\mathsf{T}) = \langle\xi_1\rangle\,\langle\xi_2\rangle \cup \langle\xi_3\eta_1\rangle.$$

Obwohl wir die gleiche Informationsmenge T gewählt haben wie im Abschnitt 2.3, erhalten wir hier einen Normalterm $\mathsf{H}_l(\mathsf{T})$, der kürzer ist, als der Normalterm $\mathsf{H}(\mathsf{T})$. Das liegt daran, daß man mit linearen Normaltermen symmetrische Wortmengen beschreiben kann, was ja bekanntlich mit regulären Termen nicht gelingt.

4. Schlußbemerkungen

Die angegebenen Algorithmen können natürlich noch wesentlich vereinfacht werden. So wird man z.B. bei einer praktischen Realisierung die einzelnen Schritte nicht immer streng hintereinander, sondern miteinander gekoppelt ausführen. Es ging hier jedoch nur darum, die Möglichkeit nachzuweisen, daß das vom theoretischen Standpunkt sehr interessante und nützliche Prinzip der Erkennung durch Aufzählung für gewisse geeignete Hypothesenmengen und geeignete Aufzählungen durchaus praktisch realisierbar ist. Da die Aufzählung an sich nicht mehr interessiert, genügt es zu wissen, daß eine Occam-Numerierung der Hypothesenmenge bezüglich des verwendeten Kompliziertheitsmaßes existiert. Der Erkennungsalgorithmus kann dann so arbeiten, daß zu jeder Eingangsinformation eine mit dieser verträgliche Hypothese gesucht wird, die bezüglich des Maßes am einfachsten ist. Hierbei erhebt sich natürlich die Frage, für welche Hypothesenmengen und für welche Kompliziertheitsmaße (nicht notwendig auf Sprachen beschränkt) praktikable Algorithmen für einen direkten Übergang von der Eingangsinformation zu einer mit dieser verträglichen Hypothese, die bezüglich des verwendeten Maßes am einfachsten ist, existieren. Eine Antwort auf diese Frage muß jedoch weiteren Untersuchungen vorbehalten bleiben.

Literatur

[1] Барздинь Я. М., Сложность и частотное решение некоторых алгоритмических неразрешимых массовых проблем. Диссертация, Новосибирск 1971.

[2] Feldman, J. A., P. C. Shields, Total Complexity and the Interference of best Programms. Stanford Artifical Intelligence Project, Memo AIM 159; 1972.

[3] Ginsburg, S., The mathematical theory of context-free languages. McGraw-Hill-Book Comp., New York — San Francisco — Toronto — London 1966.

[4] Глушков В. М., Синтез цифровных автоматов. Физматгиз, Москва 1962.

[5] Gold, M. E., Languages identification in the limit. Inform. and Control **10** (1967), 447—474.

[6] Gruska, J., Descriptional complexity of context-free languages. In: Proceedings of symposium and summer school MFCS High Tatras, September 1973.

[7] KLEENE, S. C., Representations of events in nerve nets and finite automata. In: Automata Studies; Princeton Univ., 1956.
[8] KLETTE, R., R. LINDNER, Erkennungsalgorithmen mit Stützmengen. (in Vorbereitung).
[9] SALOMAA, A., Two complete axiom systems for the algebra of regular events. J. ACM **13** (1966) 1, 158–169.
[10] Саломаа А., Аксиоматизация алгебры событий, реализуемых логическими сетями. Пробл. кибернетики, вып. 17; Москва 1967.
[11] SOLOMONOFF, R., A formal Theory of Inductive Inference. Inform. and Control 7 (1964), 1–22; 224–254.
[12] THIELE, H., Lernverfahren zur Erkennung formaler Sprachen. In: Kybernetik-Forschung, Heft 3; VEB Deutscher Verlag der Wissenschaften, Berlin 1973.
[13] WECHSUNG, G., Eine algebraische Charakterisierung der linearen Sprachen. EIK **11** (1975) 1/2, 19–25.

Kurzfassung

In der vorliegenden Arbeit werden ein Algorithmus für die Erkennung regulärer und ein Algorithmus für die Erkennung linearer Sprachen vorgestellt. Diese Algorithmen arbeiten nach dem Prinzip der Erkennung durch Aufzählung und sind so gestaltet, daß die bezüglich der verwendeten Aufzählung erste Hypothese, die mit einer gegebenen Eingangsinformation verträglich ist, gleichzeitig bezüglich eines vorgegebenen Kompliziertheitsmaßes am einfachsten ist. Es wird ein praktikables Verfahren angegeben, mit dessen Hilfe direkt die bezüglich der verwendeten Aufzählung erste Hypothese bestimmt werden kann, die mit der Eingangsinformation verträglich ist.

Abstract

This paper presents one algorithm for the identification of regular languages and one algorithm for the identification of linear languages. These algorithms work according to the principle of identification by enumeration, and they are constructed in such a way that — in this enumeration — the first hypothesis compatible with a given input information first is also the simplest one according to a given complexity measure. A practicable procedure is presented for finding this hypothesis in a direct way.

Резюме

В настоящей работе представлены один алгоритм для распознавания регулярных языков и один алгоритм для распознавания линейных языков. Эти алгоритмы работают по принципу распознавания перечислением и они построены таким образом, что первая гипотеза относительно используемого перечисления, которая совместима с данной входной информацией, является и самой простой гипотезой относительно одной данной мере сложности.

В работе дается реализуемая процедура, с помощью которой можно непосредственно вычислить первую гипотезу относительно используемого перечисления, которая совместима с входной информацией.

(Eingang: erste Fassung am 3. 3. 1975,
vorliegende Fassung am 15. 4. 1976)

Anschrift des Verfassers:

Dr. H. Meißner
Sektion Mathematik der
Friedrich-Schiller-Universität Jena
69 Jena
Universitätshochhaus
DDR

Elektronische Informationsverarbeitung und Kybernetik
EIK 12 (1976) 11/12, 551–555

A Note on Iterative Arrays of Finite Automata over the One-letter Alphabet

By Phan Dinh Diêu

1. In [1] after considered some properties of languages acceptable by iterative arrays of finite automata, we have proved the unsolvability of certain problems concerning these languages. Namely, it was proved that there is no algorithm deciding, for any language L acceptable by iterative arrays of finite automata over any alphabet of at least two letters, whether L is empty (finite, regular, context-free) or not. In this note we shall prove that these problems are also unsolvable for such languages over the one-letter alphabet.

2. An one-dimensional iterative array Γ of finite automata is defined by a list (see [1])

$$\Gamma = (\Sigma, Q, q_0, q, \lambda_0, \lambda, F) ,$$

where:

Q is a finite set of states;
$q_0 \in Q$ is the initial state of the automaton Γ_0;
$q \in Q$ is the quiescent state of Γ_n $(n > 0)$;
$\lambda_0 \colon \Sigma \times Q \times Q \to Q$ is the state transition function of Γ_0;
$\lambda \colon Q \times Q \times Q \to Q$ is the state transition function of Γ_n $(n > 0)$,
λ satisfies the condition: $\lambda(q_0, q, q) = \lambda(q, q, q) = q$;
$F \subseteqq Q$ is the set of accepting states of Γ_0.

We have defined M_Γ to be the map of $\Sigma \times Q^+$ into Q^+ given by

$$M_\Gamma(a, p_0 p_1 \cdots p_n) = \lambda_0(a, p_0, p_1)\, \lambda(p_0, p_1, p_2) \cdots \lambda(p_{n-1}, p_n, q)\, \lambda(p_n, q, q) \,. \quad (1)$$

The map M_Γ can be extended into a map of $\Sigma^* \times Q^+$ into Q^+ as follows:

$$\begin{cases} M_\Gamma(\Lambda, u) = u \,, \\ M_\Gamma(wa, u) = M_\Gamma\big(a, M_\Gamma(w, u)\big) \,, \end{cases}$$

where $a \in \Sigma$, $w \in \Sigma^*$, $u \in Q^+$.

We denote by N_Γ the map of $\Sigma^* \times Q^+$ into Q such that if $M_\Gamma(w, u) = p_0' p_1' \cdots p_n'$ then $N_\Gamma(w, u) = p_0'$.

The language $L(\Gamma)$ given by

$$L(\Gamma) = \{w \in \Sigma^* \mid N_\Gamma(w, q_0) \in F\}$$

is said to be *recognizable* by Γ in real time.

Let us denote by $\mathcal{L}$ the class of all languages over the one-letter alphabet $\Sigma = \{|\}$, recognizable by one-dimensional iterative arrays of finite automata in real time.

3. The Turing machines used here are assumed to satisfy the following conditions:

a) The machine tape has a leftmost cell, in which is always written a special symbol $\$$;

b) The machine has a final state, it halts when and only when reached this final state;

c) When the machine halts, its read-write head scans the leftmost cell on the tape.

Thus, a Turing machine T is defined by a list

$$T = (\Sigma, S, \delta, s_0, s_f) ,$$

where Σ is a finite alphabet (the leftmost symbol $\not{\$}$ and the blank symbol b are assumed to belong to Σ); S is a finite set of states, $s_0 \in S$ is the initial state, $s_f \in S$ is the final state; δ is a partial map from $S \times \Sigma$ into $S \times \Sigma \times \{-1, 0, 1\}$ such that: $\delta(s_f, x)$ is undefined; if $\delta(s, \not{\$}) = (s', x, d)$ then $x = \not{\$}$ and $d \neq -1$; and if $x \neq \not{\$}$ and $\delta(s, x) = (s', x', d)$ then $x' \neq \not{\$}$.

A *configuration* of the machine T is defined to be a word in the alphabet $\Sigma \cup (S \times \Sigma)$ of the form:

$$\sigma_0\sigma_1 \cdots \sigma_{i-1}\langle s, \sigma_i\rangle \sigma_{i+1} \cdots \sigma_k ,$$

where $\sigma_0 = \not{\$}, \sigma_1, \dots , \sigma_k \in \Sigma \setminus \{\not{\$}\} , s \in S$.

The relation $\vdash$ between the configurations is defined as follows: If $\delta(s, \sigma) = (s', \sigma', d)$ then

$$\sigma_0\sigma_1 \cdots \sigma_{i-1}\langle s, \sigma_i\rangle \sigma_{i+1} \cdots \sigma_k \vdash \sigma'_0\sigma'_1 \cdots \sigma'_{j-1}\langle s', \sigma'_j\rangle \sigma'_{j+1} \cdots \sigma'_h ,$$

where $\sigma_i = \sigma$, $\sigma'_i = \sigma'$, $j = i + d$, $\sigma'_r = \sigma_r$ $(0 \leqq r \leqq k, r \neq i)$, $h = k$ if $j \leqq k$, $h = k + 1$ and $\sigma'_h = b$ if $j = k + 1$.

The reflexive and transitive closure of $\vdash$ is denoted by $\vdash^*$.

We say that the machine T *halts* when working on the input tape $\sigma_1 \cdots \sigma_n \in (\Sigma \setminus \{\not{\$}\})^*$ if for some $\sigma'_1, \dots , \sigma'_k$:

$$\langle s_0, \not{\$}\rangle \sigma_1 \cdots \sigma_n \vdash^* \langle s_f, \not{\$}\rangle \sigma'_1 \cdots \sigma'_k .$$

From the unsolvability of the halting problem for Turing machines in general case it follows that *one can construct a Turing machine T (in the sense given as above) such that there is no algorithm deciding, for any input tape $u \in (\Sigma \setminus \{\not{\$}, b\})^+$, if T halts when working on the tape u or not.*

4. Let $T = (\Sigma, S, \delta, s_0. s_f)$ be a Turing machine whose halting problem is unsolvable. For any given input tape $u = \sigma_1\sigma_2 \cdots \sigma_k \in (\Sigma \setminus \{\not{\$}, b\})^+$ we construct an iterative array Γ_u of finite automata

$$\Gamma_u = (X = \{|\}, Q, q_0, q, \lambda_0, \lambda, F) ,$$

whose components are defined as follows:

a) $Q = (S \times \Sigma) \cup \Sigma \cup [k] \cup \{q_0\}$, where $[k] = \{0, 1, \dots , k\}$;

b) $q = b$, the blank symbol, which belongs to Σ;

c) $F = \{\langle s_f, \not{\$}\rangle\}$;

d) The map λ_0: $X \times Q \times Q \to Q$ is defined by the following rules (in these rules $i \in [k], \sigma \in \Sigma, s \in S$):

d1. $\lambda_0(|, q_0, b) = \lambda_0(|, 0, b) = \lambda_0(|, 0, i) = 0$.

d2. $\lambda_0(|, 0, \sigma) = \langle s_0, \not{\$}\rangle \quad (\sigma \neq b)$.

d3. $$\lambda_0(|, \langle s, \not{\$}\rangle, \sigma) = \begin{cases} \langle s', \not{\$}\rangle, & \text{if } \delta(s, \not{\$}) = (s', \not{\$}, 0) , \\ \not{\$} , & \text{if } \delta(s, \not{\$}) = (s', \not{\$}, 1) . \end{cases}$$

d4. $\lambda_0(|, \not{\$}, \sigma) = \not{\$}$,

$$\lambda_0(|, \not{\$}, \langle s, \sigma\rangle) = \begin{cases} \not{\$}, & \text{if } \delta(s, \sigma) = (s', \sigma', d) \text{ and } d \in \{0, 1\} , \\ \langle s', \not{\$}\rangle, & \text{if } \delta(s, \sigma) = (s', \sigma', -1) . \end{cases}$$

d5. $\lambda_0(|, \langle s_f, \$\rangle, \sigma) = \langle s_f, \$\rangle$.

d6. In other cases λ_0 is defined arbitrarily.

e) The map $\lambda: Q \times Q \times Q \to Q$ is defined by the following rules:

e1. $\lambda(q_0, b, b) = b$;

e2. $\lambda(i - 1, b, b) = i\ (0 < i \leqq k)$, $\lambda(k, b, b) = b$;

e3. $\lambda(i, j, h) = \lambda(i, j, b) = j \quad (j < k)$;

e4. $\lambda(i, k, b) = a_k$, $\lambda(i, j, \sigma) = a_j$, $\lambda(i, \sigma, \sigma') = \sigma\ (\sigma \neq b)$,
$\lambda(\sigma'', \sigma, \sigma') = \sigma (\sigma, \sigma', \sigma'' \in \Sigma)$;

e5. if $\delta(s, \sigma) = (s', \sigma', 0)$ then
$\lambda(\langle s, \sigma\rangle, \sigma_1, \sigma_2) = \sigma_1$, $\lambda(\sigma_1, \langle s, \sigma\rangle, \sigma_2) = \langle s', \sigma'\rangle$, $\lambda(\sigma_1, \sigma_2, \langle s, \sigma\rangle) = \sigma_2$;

e6. if $\delta(s, \sigma) = (s', \sigma', -1)$ then
$\lambda(\langle s, \sigma\rangle, \sigma_1, \sigma_2) = \sigma_1$, $\lambda(\sigma_1, \langle s, \sigma\rangle, \sigma_2) = \sigma'$, $\lambda(\sigma_1, \sigma_2, \langle s, \sigma\rangle) = \langle s', \sigma_2\rangle$;

e7. if $\delta(s, \sigma) = (s', \sigma', 1)$ then
$\lambda(\langle s, \sigma\rangle, \sigma_1, \sigma_2) = \langle s', \sigma_1\rangle$, $\lambda(\sigma_1, \langle s, \sigma\rangle, \sigma_2) = \sigma'$, $\lambda(\sigma_1, \sigma_2, \langle s, \sigma\rangle) = \sigma_2$;

e8. in other cases λ is defined arbitrarily.

From this construction one can prove that if $u = a_1 a_2 \cdots a_k \in (\Sigma \setminus \{\$, b\})^+$, then for the iterative array Γ_u:

1) $M_{\Gamma_u}(|^{2k+2}, q_0) = \langle s_0, \$\rangle\, a_1 a_2 \cdots a_k bb \cdots b$.

2) If α and β are two configurations of the Turing machine T such that $\alpha \vdash^* \beta$, then for some integer m we have

$$M_{\Gamma_u}(|^m, \alpha) = \beta b \cdots b\,.$$

Therefore, it follows that

a) *if the Turing machine T halts when working on the input tape $u = a_1 \cdots a_k \in \in (\Sigma \setminus \{\$, b\})^*$, then for any n enough large we have*

$$N_{\Gamma_u}(|^n, q_0) = \langle s_f, \$\rangle \in F\,;$$

i.e., the language $L(\Gamma_u)$ is infinite.

b) *if T does not halt when working on the input tape u, then for any n,*

$$N_{\Gamma_u}(|^n, q_0) \neq \langle s_f, \$\rangle;$$

i.e., the language $L(\Gamma_u)$ is empty.

5. Now we construct for each word $u = a_1 a_2 \cdots a_k \in (\Sigma \setminus \{\$, b\})^+$ an iterative array γ_u of finite automata:

$$\gamma_u = (X = \{|\}, Q', q_0, q, \lambda_0', \lambda', F)$$

by introducing some following modifications in the definition of Γ_u:

a) $$Q' = Q \cup \{\bar{\sigma} \mid \sigma \in \Sigma \setminus \{\$, b\}\}.$$

d) For the map λ_0' the rule d5 is changed by the following rules:

$$\lambda_0'(|, \langle s_f, \$\rangle, \sigma) = \$\,,$$

$$\lambda_0'(|, \$, \bar{\sigma}) = \langle s_f, \$\rangle\,.$$

e) For the map λ' we add the following rules:

$$\lambda'(\langle s_f, \sigma\rangle, \sigma_1, \sigma_2) = \langle s_f, \sigma_1\rangle \quad (\sigma_1 \neq b) ,$$
$$\lambda'(\sigma_1, \langle s_f, \sigma\rangle, \sigma_2) = \sigma ,$$
$$\lambda'(\sigma_1, \sigma_2, \langle s_f, \sigma\}\rangle = \sigma_2 ,$$
$$\lambda'(\langle s_f, \sigma\rangle, b, b) = \bar{a} \quad (a \text{ is a distinguished symbol of } \Sigma \setminus \{\$, b\}) ,$$
$$\lambda'(\bar{\sigma}, \sigma_1, \sigma_2) = \sigma_1 ,$$
$$\lambda'(\sigma_1, \bar{\sigma}, \sigma_2) = \sigma ,$$
$$\lambda'(\sigma_1, \sigma_2, \bar{\sigma}) = \bar{\sigma}_2 .$$

Without loss of generality we can assume that the considered Turing machine T, whose halting problem is unsolvable, has still a supplementary property: for any input tape $u = a_1 \cdots a_k \in (\Sigma \setminus \{\$, b\})^+$, if T halts when working on u, then we have

$$\{s_0, \$\rangle\, a_1 \cdots a_k \vdash^* \langle s_f, \$\rangle\, c_1 \cdots c_m b \cdots b ,$$

where $c_i \in (\Sigma \setminus \{\$, b\})$. Thus in the final configuration of any computation of T, the symbol b cannot occur before any symbol in $\Sigma \setminus \{\$, b\}$.

With this assumption, from the construction of γ_u we can prove that for any word $u = a_1 a_2 \cdots a_k \in (\Sigma \setminus \{\$, b\})^+$ we have:

1) if T halts when working on the input tape u, and

$$T: \langle s_0, \$\rangle\, a_1 \cdots a_k \vdash^* \langle s_f, \$\rangle\, c_1 \cdots c_m b \cdots b ,$$

then there exists a natural number p such that

$$M_{\gamma_u}(|^p, q_0) = \langle s_f, \$\rangle\, c_1 \cdots c_m b \cdots b ,$$

where $c_i \in \Sigma \setminus \langle \$, b\}$.

2) $M_{\gamma_u}(|^{2m+2}, \langle s_f, \$\rangle\, c_1 \cdots c_m b \cdots b) = \langle s_f, \$\rangle\, c_1 \cdots c_m ab \cdots b$,

and for any $i < 2m + 2$, if

$$M_{\gamma_u}(|^i, \langle s_f, \$\rangle\, c_1 \cdots c_m b \cdots b) = d_0 d_1 \cdots d_h ,$$

then $d_0 \neq \langle s_f, \$\rangle$.

3) if T does not halt when working on the tape u, then for any n:

$$N_{\gamma_u}(|^n, q_0) \neq \langle s_f, \$\rangle .$$

Let us denote by $\{p_i\}$ the sequence of natural numbers defined by

$$\begin{cases} p_0 = p , \\ p_{i+1} = p_i + 2m + 2 + 2i \ \ (i \geqq 0) . \end{cases}$$

It is evident that $\{p_i\}$ is not ultimately periodic. From the properties mentioned above of γ_u it follows that

a) If T halts when working on the input tape u, then

$$L(\gamma_u) = \{|^n \mid n = p_i \quad \text{for some } i = 0, 1, \ldots\} .$$

Since $\{p_i\}$ is not ultimately periodic, $L(\gamma_u)$ cannot be a regular (context-free) language.

b) If T does not halt when working on the input tape u then

$$L(\gamma_u) = \varnothing .$$

6. From the conclusions made in the sections 4 and 5 we obtain the following

Theorem. *There is no algorithm deciding, for any one-dimensional iterative array Γ of finite automata over the one-letter alphabet,*

a) *whether $L(\Gamma)$ is empty or not,*
b) *whether $L(\Gamma)$ is finite or not,*
c) *whether $L(\Gamma)$ is regular (context-free) or not.*

References

[1] Dô Long Vân, Phan Dinh Diêu, On the Languages Recognizable by One-dimensional Iterative Arrays of Finite Automata in Real Time. EIK **10** (1974) 5/6, 271–285.

Abstract

In the paper is proved the unsolvability of the problems of emptiness, finiteness and regularity for languages recognizable by one-dimensional iterative arrays of finite automata in realtime over the one-letter alphabet.

Kurzfassung

Es wird bewiesen, daß es in der Klasse der Sprachen, die von eindimensionalen homogenen Feldern endlicher autonomer Automaten in Realzeit akzeptiert werden, algorithmisch nicht entscheidbar ist, ob eine Sprache leer, endlich bzw. regulär ist.

Резюме

В статье доказывается неразрешимость проблем пустоты, конечности и регулярности для языков, распознаваемых в реальное время одномерными итеративными схемами конечных автоматов над однобуквенным алфавитом.

(Received: March 8, 1976)

Author's address:

Dr. Phan Dinh Diêu
Institute of Mathematics and
Computing Centre
39-Trân Hung Dao
Hanoi
Democratic Republic Vietnam

Elektronische Informationsverarbeitung und Kybernetik
EIK 12 (1976) 11/12, 557–565

Eine einfach strukturierte Schaltwerk-Normalform mit niedriger Test-Komplexität

Von Wolfgang Coy und Andreas Vogel

0. Einleitung

Schieberegister sind auf Grund ihrer einfachen Struktur und ihrer leichten Fertigung ein wichtiger Baustein für die Konstruktion digitaler Schaltwerke. Friedman hat in [1] eine Normalform-Realisierung angegeben, mit der jeder Automat als Schaltwerk mit einer einzigen Rückkopplung, einem kombinatorischen Teil und mehreren Schieberegistern realisierbar ist. Diese Normalform ist Ausgangspunkt der folgenden Untersuchung zur Testbarkeit von Automaten-Realisierungen.

Bei der Behandlung der Fehler-Diagnose von Schaltwerken sind in der Literatur zwei verschiedene Ansätze zu verfolgen, die Diagnose mit Hilfe *diagnostischer Experimente* (checking experiments) und die Diagnose mit Hilfe des *Leitungsfehler-Modells* (stuck-at faults). Durch den allgemeineren Ansatz über diagnostische Experimente werden Fehler-Klassen betrachtet, die unabhängig von der technischen Realisierung des Automaten als Schaltwerk sind, während bei der Leitungsfehler-Erkennung ein mathematisches Modell physikalischer Fehler betrachtet wird (vgl. [2]). Hennie hat zuerst darauf hingewiesen, daß die Resultate zur Erkennung von Leitungsfehlern in kombinatorischen Schaltkreisen auf Schaltwerke mit Rückkopplungen übertragbar sind, wenn man die Rückkopplungs-Leitungen des Schaltwerks aufschneidet. Wir werden die Brauchbarkeit dieses Ansatzes an Hand der von Friedman beschriebenen Normalform demonstrieren. Dies ist besonders deshalb wichtig, weil in den letzten Jahren zahlreiche gute Algorithmen zur Fehler-Erkennung in Schaltkreisen bekannt geworden sind, während die Fehler-Erkennung in Schaltwerken bisher noch nicht so gut untersucht ist. Zusätzlich zu Leitungsfehlern werden wir noch Invertierungsfehler der Speicher-Elemente betrachten. Es werden jedoch nur permanente Fehler, also Fehler, die vor und während des Testvorgangs anliegen, untersucht. „Wackelkontakte", „hazards" usw. werden nicht in das Fehler-Modell einbezogen. Auf Grund verschiedener Einschätzungen kann man davon ausgehen, daß damit die Mehrzahl der auftretenden Betriebsstörungen erfaßt wird.

1. Grundlegende Definitionen und Resultate

Wir bezeichnen mit $\boldsymbol{A} = (X, Y, Z, \delta, \lambda)$ einen endlichen Mealy-Automaten mit dem Eingabe-Alphabet X, dem Ausgabealphabet Y und der Zustandsmenge Z, der Übergangs-Funktion δ und der Ausgabe-Funktion λ.

Definition 1.

a) $x \in X^*$ heißt *Ladefolge* gdw. der Zustand z, in dem sich $\boldsymbol{A}$ nach Eingabe von x befindet, eindeutig bestimmt ist durch die Ausgabe y.

b) $x \in X^*$ heißt *Synchronisierungsfolge* für den Zustand z gdw. für alle $z' \in Z$ gilt: $\delta(x, z') = z$.

Wir beschreiben Schaltkreise nach [3]:

Definition 2. *Bausteine* sind

- zweistellige logische Gatter vom Typ f mit zwei Eingängen x_1, x_2 und einem Ausgang y, der verzögerungsfrei den Funktionswert $f(x_1, x_2)$ erzeugt
- Bündel aus n parallelen Leitungen $\boldsymbol{I}_n$ mit den Eingängen $x_1, \dots, x_n$ und den Ausgängen $y_1, \dots, y_n$
- einstellige Inverter $\boldsymbol{N}$ mit einem Eingang x und einem Ausgang y, der verzögerungsfrei den Wert $y = \bar{x}$ liefert;
- Vertauschungen $\boldsymbol{X}$ mit zwei Eingängen x_1, x_2 und zwei Ausgängen y_1, y_2, die verzögerungsfrei die Werte $y_1 = x_2$ und $y_2 = x_1$ generieren;
- Verzweigungen $\boldsymbol{Y}$ mit einem Eingang x und zwei Ausgängen y_1, y_2, die beide den Wert x liefern;
- Verzögerungsglieder Δ mit einem Eingang x und einem Ausgang y, der den Wert x um einen Takt t verzögert liefert.

Definition 3.

a) Bausteine mit Ausnahme der Verzögerungsglieder sind *kombinatorische Schaltkreise*;

b) Zwischen zwei kombinatorischen Schaltkreisen S_1, S_2 ist die Parallelschaltung $S_1 \times S_2$ mit $f(S_1 \times S_2) = \big(f(S_1), f(S_2)\big)$ definiert;

c) Besitzt S_1 mit $g(S_1)$ k Eingänge und besitzt S_2 mit $h(S_2)$ k Ausgänge, so ist die Hintereinanderschaltung $S_1 \circ S_2$ mit $f(S_1 \circ S_2) = g(S_1) \circ h(S_2) = g\big(h(S_2)\big)$ definiert.

Für Einzelheiten dieses Beschreibungs-Kalküls sei auf die Arbeit von Hotz [3] verwiesen. Wir definieren Schiebeketten als parallel auszulesende Schieberegister:

Definition 4.

a) $\boldsymbol{SK}_1 = (\Delta \times \boldsymbol{I}) \circ \boldsymbol{Y}$ ist eine *Schiebekette* der Länge 1;

b) ist $\boldsymbol{SK}_k$ eine Schiebekette der Länge k, dann ist $\boldsymbol{SK}_{k+1} = (\boldsymbol{SK}_1 \times \boldsymbol{I}_k) \circ \boldsymbol{SK}_k$ eine Schiebekette der Länge $k + 1$;

c) Schiebeketten können stets durch a) und b) beschrieben werden.

Abb. 1 zeigt eine Schiebekette der Länge k. Der Inhalt $Z(\boldsymbol{SK}_k)$ der Verzögerungsglieder $\Delta_1, \dots, \Delta_k$ heißt *Zustand* von $\boldsymbol{SK}_k$. In [1] wird gezeigt, daß sich jeder endliche Automat als Schaltwerk mit mehreren Schieberegistern und einer einzigen Rück-

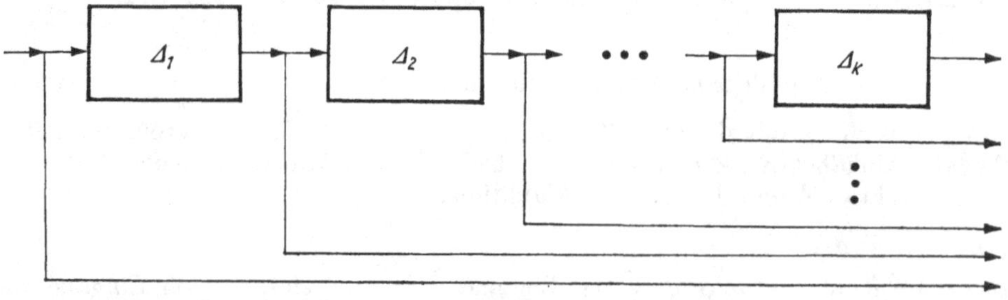

Abb. 1. Eine Schiebekette der Länge k

kopplung realisieren läßt. Wir wiederholen dieses Ergebnis und erweitern es so, daß sich einfach testbare Automaten-Realisierungen ergeben.

Definition 5. $\boldsymbol{C}$ sei ein kombinatorischer Schaltkreis mit mindestens 2 Ausgängen und $n(k+1)+k$ Eingängen, der mit n Schiebeketten $\boldsymbol{SK}_k^1, \ldots, \boldsymbol{SK}_k^n$ und einer Schiebekette $\boldsymbol{SK}_{k-1}^0$ verbunden ist. Die Schaltung

$$\boldsymbol{C} \circ (\boldsymbol{SK}_{k-1}^0 \times \boldsymbol{SK}_k^1 \times \cdots \times \boldsymbol{SK}_k^n)$$

heißt *H-Schaltung* $\boldsymbol{H}_k$ gdw. ein Ausgang des kombinatorischen Teils $\boldsymbol{C}$ über ein Verzögerungsglied Δ mit dem Eingang der Schiebekette $\boldsymbol{SK}_{k-1}^0$ verbunden ist.

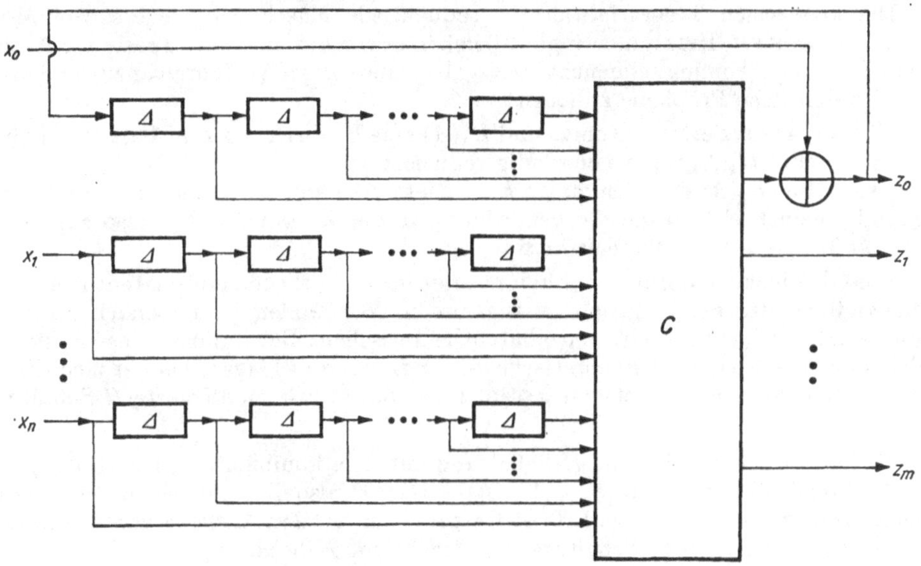

Abb. 2. Skizze einer modifizierten H-Schaltung mit den Eingängen $x_1, \ldots, x_n$ und dem Testeingang x_0, den Ausgängen $z_1, \ldots, z_m$ und dem Testausgang z_0 sowie dem kombinatorischen Teil $\boldsymbol{C}$

Abb. 2 zeigt eine H-Schaltung mit einem zusätzlichen Ein- und Ausgang. Die Schiebekette $\boldsymbol{SK}_{k-1}^0$ ist rückgekoppelt und speichert den kodierten Automatenzustand. Die Ketten $\boldsymbol{SK}_k^1, \ldots, \boldsymbol{SK}_k^n$ speichern die Eingabewörter x. Der kombinatorische Teil $\boldsymbol{C}$ realisiert am freien Ausgang die Ausgabefunktion $\lambda(z, x)$ und am rückgekoppelten Ausgang die Zustands-Übergangsfunktion $\delta(z, x)$, Außer dem Zustand des realisierten Automaten wird in den Schiebeketten also auch die Eingabe x gespeichert; der (gesamte) Zustand aller Speicherketten der H-Schaltung wird mit $Z(\boldsymbol{H}_k) = Z(\boldsymbol{SK}_{k-1}^0) \times Z(\boldsymbol{SK}_k^1) \times \cdots \times Z(\boldsymbol{SK}_k^n)$ bezeichnet. Es gilt der

Satz 1 ([1]). *Jeder endliche Automat ist als H-Schaltung realisierbar.*

Zum Beweis des Satzes ist von Reusch in [4] eine Zustands-Kodierung $\psi(Z) = (01\,\varphi(Z)\,10)$ vorgeschlagen worden, wobei φ eine binäre Kodierung mit der Eigenschaft ist, daß keine zwei benachbarten Nullen in einem Wort $\varphi(Z)$ vorkommen. (Zwei Zustände z_1, z_2 sind dadurch stets durch die eindeutig erkennbare Marke 1001 getrennt). Man kann sich überlegen, daß diese Kodierung zur Darstellung von p Zuständen mit kodierten Wörtern der Länge $2\,(\log_2 p + 2)$ als oberer Schranke auskommt. Für H-Schaltungen ergibt sich damit nach [1] eine maximale Länge der

Schiebeketten von 4 ($\log_2 p + 2$). Obwohl dies in der Größenordnung $\log_2 p$ der kürzesten Kodierungen liegt, lassen sich sicher noch weitere Kodierungen angeben, die asymptotisch gegen $\log_2 p$ gehen. Wir schätzen grob die Zahl n der Schiebeketten zur Aufnahme der Eingabewörter unter der Annahme ab, daß die Länge der Ketten auf die Größenordnung $\log_2 p$ minimal kodierter p Zustände des Automaten festgelegt sei (alle Ketten müssen gleich lang sein, um die synchrone Verarbeitung von Zustand und Eingabe zu ermöglichen). In jeder Kette kann also eines von p verschiedenen Eingabewörtern, in n Ketten eines von p^n verschiedenen Wörtern gespeichert werden (wobei wir nur die Größenordnung abschätzen). Sind q verschiedene Eingabewörter zulässig, so wächst die Größenordnung von n (der Zahl der Ketten) unter den obigen Annahmen mit $(\log_2 q)/\log_2 p$.

Die klassischen Testverfahren für sequentielle Maschinen wie die von Moore, Hennie, Kohavi, Hsieh u. a. (vgl. [2]) gehen davon aus, daß der zu testende Automat eine Ladefolge (homing sequence) besitzt. Um eines dieser Verfahren anzuwenden, sind zwei wesentliche Probleme zu lösen:

- Ist $\boldsymbol{A}$ ein reduzierter Automat und $\boldsymbol{H}_k(\boldsymbol{A})$ eine Realisierung von $\boldsymbol{A}$ als H-Schaltung, dann muß $\boldsymbol{H}_k(\boldsymbol{A})$ nicht notwendig reduziert sein;
- wenn für $\boldsymbol{H}_k(\boldsymbol{A})$ eine Ladefolge h existiert, so kann die Länge $l(h)$ der Folge im allgemeinen Fall in der Größenordnung p^2 der Zustandszahl p, also exponentiell zur Länge der Schieberegister wachsen.

Diese Probleme hängen ursächlich mit der im wesentlichen automatentheoretischen Behandlung des Fehler-Problems zusammen. Wir wollen im folgenden statt einer (notwendig allgemeineren) automatentheoretischen Behandlung der Fehler-Entdeckung eine schaltwerkstheoretische Behandlung vorschlagen, bei der sich die oben genannten Probleme vermeiden lassen. Dazu führen wir modifizierte H-Schaltungen ein.

Definition 6. Sei $\boldsymbol{H}_k$ eine H-Schaltung mit dem kombinatorischen Teil $\boldsymbol{C}$, wie in Definition 5. Wird $\boldsymbol{C}$ durch $(\boldsymbol{I}_m \times (\boldsymbol{Y} \circ \boldsymbol{E})) \circ (\boldsymbol{C} \times \boldsymbol{I})$, also die Hintereinander-Schaltung einer Verzweigung und eines EXOR-Gatters $\boldsymbol{E}$ hinter den Ausgang von $\boldsymbol{C}$, ersetzt, so heißt die so entstehende Schaltung H_k' *modifizierte H-Schaltung.*

Die Modifikation der Schaltung schafft also einen zusätzlichen Test-Eingang und einen zusätzlichen Test-Ausgang am EXOR-Gatter; dadurch wird die Rückkopplungsleitung im Sinne von Hennie „aufgeschnitten". Abb. 2 zeigt schematisch den Aufbau einer modifizierten H-Schaltung.

Es gilt analog zu Satz 1 als

Korollar zu Satz 1. *Jeder endliche Automat ist als modifizierte H-Schaltung realisierbar.*

Durch den zusätzlichen Eingang und den Ausgang (s. Abb. 2) besitzen modifizierte H-Schaltungen folgende angenehme Eigenschaften:

Lemma 1. *$\boldsymbol{H}_k'$ sei eine modifizierte H-Schaltung. Dann gilt:*

a) *Jedes Eingabewort $x \in (B^{n+1})^*$ mit $l(x) \geqq k$ ist eine Ladefolge.*

b) *Zur Überführung von einem Zustand z in einen Zustand z' von $\boldsymbol{H}_k'$ gibt es eine Eingabefolge h der Länge $l(h) \leqq k$.*

c) *$\boldsymbol{H}_k'$ besitzt eine (adaptive) Synchronisierungsfolge h der Länge $l(h) \leqq 2k$.*

Beweis. a) Mit dem zusätzlichen Test-Ausgang von $\boldsymbol{H}_k'$ ist der Ladevorgang der Schiebekette $\boldsymbol{SK}_0$ direkt beobachtbar.

b) folgt direkt aus a) und der Möglichkeit, mit dem zusätzlichen EXOR-Gatter $\boldsymbol{SK}_0$ direkt zu laden.

c) folgt aus a) und b), so daß die Behauptung bewiesen ist.

Um den Begriff des Fehlers einzuführen, vereinbaren wir, daß mit **0** (bzw. **1**) ein Generator der Konstanten 0 (bzw. 1) bezeichnet wird. Wir definieren:

Definition 7. S sei ein kombinatorischer Schaltkreis mit n Eingangsleitungen.

a) F heißt *logischer Fehler* des kombinatorischen Schaltkreises S gdw. es ein Eingabewort $x_1, \dots, x_n$ gibt, für das die Ausgabe $f_F(x_1, \dots, x_n)$ von der definierten Ausgabe $f(x_1, \dots, x_n)$ abweicht.

b) Jedes Eingabewort $x_1, \dots, x_n$, für das die Beziehung $f(x_1, \dots, x_n) \neq f_F(x_1, \dots, x_n)$ gilt, heißt *Test* von F in S.

c) Ein logischer Fehler F heißt *Leitungsfehler* in S gdw. es einen Schaltkreis S' mit $f(S') = f_F(S)$ gibt, der sich von S nur dadurch unterscheidet, daß genau ein Gatter $\boldsymbol{G}$ durch $\boldsymbol{K} \circ \boldsymbol{G}$, $\boldsymbol{G} \circ (\boldsymbol{I} \times \boldsymbol{K})$ oder $\boldsymbol{G} \circ (\boldsymbol{K} \times \boldsymbol{I})$ mit $\boldsymbol{K} = \boldsymbol{0}$ oder $\boldsymbol{K} = \boldsymbol{1}$ ersetzt wird.

d) Eine Menge $T(S) \subseteqq B^n$ heißt *vollständige* Testmenge aller Leitungsfehler in S gdw. $T(S)$ für alle Leitungsfehler mindestens einen Test enthält; $T(S)$ heißt *minimal* gdw. für alle vollständigen Testmengen $T'(S)$ gilt: $|T'(S)| \geqq |T(S)|$. Die Kardinalität minimaler Testmengen $T(S)$ heißt *Testkomplexität* $\Phi(S)$ von S.

Die Ersetzung einer Leitung durch **0** bzw. **1** wird als s-a-0 bzw. s-a-1 Fehler (engl. *stuck-at*) bezeichnet.

Eine Kombination mehrerer Leitungsfehler soll *Mehrfach*-Leitungsfehler heißen; für Mehrfachfehler gilt Definition 7 entsprechend.

Definition 8.

a) F heißt *Einzelfehler* einer modifizierten H-Schaltung gdw.
   (i) F Einzelfehler des kombinatorischen Teils $\boldsymbol{C}$ ist;
   (ii) eine Ausgangsleitung eines Verzögerungsgliedes Δ unter dem Einfluß von F einen konstanten Wert annimmt;
   (iii) eine Ausgangsleitung eines Verzögerungsgliedes Δ den invertierten Funktionswert annimmt.

b) *Mehrfachfehler* einer modifizierten H-Schaltung sind beliebige Kombinationen von Einzelfehlern des Typs (i) und (ii).

c) Eine Eingabefolge $x_1 \cdots x_l$ heißt *Test* des Einzelfehlers (Mehrfachfehlers) F gdw. die Ausgabefolge $y_1 \cdots y_l$ im fehlerhaften Fall von der definierten Ausgabefolge abweicht.

d) Eine Eingabefolge $x_1 \cdots x_l$ heißt *vollständige Testfolge* aller Einzelfehler (Mehrfachfehler) gdw. die Ausgabefolge $y_1 \cdots y_l$ im Falle eines beliebigen Einzelfehlers (Mehrfachfehlers) von der definierten Ausgabe abweicht. Eine vollständige Testfolge heißt *minimal* gdw. keine kürzere vollständige Testfolge existiert.

Teil (i)—(iii) beruht auf der Vorstellung, daß ein Grundelement $(\Delta \times \boldsymbol{I}) \circ \boldsymbol{Y}$ der Schiebeketten aus einer Verzweigung $\boldsymbol{Y}$, an der Leitungsfehler auftreten können, und einem Verzögerungsglied Δ, das fehlerhaft einen konstanten oder einen invertierten Wert annehmen kann, besteht.

2. Die Fehler-Entdeckung bei H-Schaltungen

Schiebeketten ohne Rückkopplung sind in Definition 4 erklärt worden. Für die Fehler-Entdeckung bei Schiebeketten gilt

Lemma 2. *Jede Schiebekette* $\boldsymbol{SK}_k$ *der Länge* k *besitzt eine fixe Testfolge* T *der Länge* $k + 1$, *die alle Einzel- und Mehrfachfehler, sowie alle Invertierungsfehler der Kette entdeckt.*

Beweis. Man betrachte die Folge $1(01)^{k/2}$ für gerades k und $(10)^{(k+1)/2}$ für ungerades k. Die Folge T legt im fehlerfreien Fall an jedem Ein- und Ausgang eines Verzögerungsgliedes und an jeder Verzweigung zumindest einmal eine 0 und einmal eine 1 an, so daß jeder Einzel- und jeder Mehrfachfehler entdeckt wird. Ebenso ist jeder Invertierungsfehler eines Verzögerungsgliedes beobachtbar, da durch solche Fehler die Testfolge an den Ausgängen der Schiebekette nicht mehr reproduziert werden kann.

Da zum Test einer Schaltung notwendigerweise jede Leitung zumindest einmal mit dem Wert null und einmal mit dem Wert eins belegt werden muß, ist die Folge T aus dem obigen Lemma minimal:

Lemma 3. *Eine Schiebekette der Länge k hat die Testkomplexität $k + 1$, d. h., die Testfolge T aus Lemma 2 ist minimal.*

Wir zeigen nun, daß alle Invertierungs- und Leitungsfehler von Schiebeketten einer modifizierten H-Schaltung als Fehler des kombinatorischen Teils interpretiert werden können.

Lemma 4. a) *Ein Invertierungsfehler eines Verzögerungsgliedes Δ, dessen Ausgabewert die Belegung der Eingangsleitungen $x_{i1}, \ldots, x_{ir}$ des kombinatorischen Teils C der H-Schaltung H beeinflussen kann, ist genau dann entdeckbar, wenn für die Übertragungsfunktionen f_δ und f_λ von C ein $(s-r)$-Tupel $(\tau_1, \ldots, \tau_{i1-1}, \tau_{ir+1}, \ldots, \tau_s)$ existiert mit*

$$f_\delta(\tau_1, \ldots, \tau_{i1-1}, x_{i1}, \ldots, x_{ir}, \tau_{ir+1}, \ldots, \tau_s) \neq$$
$$\neq f_\delta(\tau_1, \ldots, \tau_{i1-1}, \bar{x}_{i1}, \ldots, \bar{x}_{ir}, \tau_{ir+1}, \ldots, \tau_s)$$

oder

$$f_\lambda(\tau_1, \ldots, \tau_{i1-1}, x_{i1}, \ldots, x_{ir}, \tau_{ir+1}, \ldots, \tau_s) \neq$$
$$\neq f_\lambda(\tau_1, \ldots, \tau_{i1-1}, \bar{x}_{i1}, \ldots, \bar{x}_{ir}, \tau_{ir+1}, \ldots, \tau_s)\,.$$

b) *Alle entdeckbaren Invertierungsfehler sind mit Hilfe von maximal $2s$ Tests entdeckbar.*

Beweis. a) Nach Definition 8 werden nur einzelne Invertierungsfehler betrachtet. Wird ein Verzögerungsglied einer Schiebekette von einem Invertierungsfehler F befallen, so werden auch alle folgenden Glieder der Kette invertierte Ausgabewerte erzeugen, so daß F über die benachbarten Leitungen $x_{i1}, \ldots, x_{ir}$ den kombinatorischen Teil beeinflussen kann.

b) Man benutze die beiden Belegungen für f_δ bzw. f_λ aus a) als Tests; es sind also maximal $2s$ Tests notwendig.

Generiert ein fehlerhaftes Verzögerungsglied statt des invertierten Wertes einen konstanten Wert 0 oder 1, so ist dies ebenfalls mit Hilfe der Testmenge aus Lemma 4 entdeckbar (wenn der Invertierungsfehler entdeckbar ist). Im Gegensatz zu den Invertierungsfehlern sind Leitungsfehler der Schiebekette stets entdeckbar, sofern die betroffene Ausgangsleitung wesentlich für die Übertragungsfunktion f_δ oder f_λ ist. Es gilt:

Proposition 1. *Jeder Einzel- oder Mehrfachfehler der Schiebeketten ist ununterscheidbar von einem Mehrfachfehler der Eingänge des kombinatorischen Teils der modifizierten H-Schaltung.*

Für die Eingangsleitungen beliebiger Schaltkreise gilt:

Lemma 5. *Alle Mehrfachfehler der n Eingangsleitungen eines Schaltkreises sind mit maximal $2n$ Tests entdeckbar. Es ist stets eine vollständige Testmenge dieser Fehler konstruierbar, wenn alle Eingangsleitungen des Schaltkreises wesentlich sind.*

Beweis. Ist x_i wesentlich, so existiert ein $(n-1)$-Tupel $(\tau_1, \ldots, \tau_{i-1}, \tau_{i+1}, \ldots, \tau_n)$, so daß für die Schaltkreis-Funktion f

$$f(\tau_1, \ldots, \tau_{i-1}, 0, \tau_{i+1}, \ldots, \tau_n) \neq f(\tau_1, \ldots, \tau_{i-1}, 1, \tau_{i+1}, \ldots, \tau_n)$$

gilt. Ist F ein Mehrfachfehler, der einen Leitungsfehler der Leitung x_i enthält, so ist F mit Hilfe einer der beiden Belegungen für x_i entdeckbar. Es folgt die Behauptung.

Bedenkt man, daß eine H-Schaltung mit $n+1$ Schiebeketten aus jeweils k Verzögerungsgliedern $n(k+1)+k$ Eingänge des kombinatorischen Teils besitzt, so folgt aus den Lemmata 4 und 5 das folgende

Korollar. *Alle (entdeckbaren) Invertierungsfehler und alle einzelnen und mehrfachen Leitungsfehler einer H-Schaltung mit n Schiebeketten aus jeweils k Verzögerungsgliedern sind mit maximal* $2(n(k+1)+k)$ *Tests entdeckbar.*

Weiterhin folgt, daß zum vollständigen Test einer modifizierten H-Schaltung eine Testfolge genügt, die den vollständigen Test der Einzel- bzw. Mehrfachfehler des kombinatorischen Teils und die $2n$ Tests des Korollars durchführt. Es gilt der

Satz 2. *$\boldsymbol{H}_k$ sei eine modifizierte H-Schaltung mit n Schiebeketten der Länge k und einem kombinatorischen Teil* $\boldsymbol{C}$ *mit der Testkomplexität* $\Phi(\boldsymbol{C})$ *der Einzel- bzw.* $\hat{\Phi}(\boldsymbol{C})$ *der Mehrfachfehler. Dann ist stets eine vollständige Testfolge* $\mathfrak{F}(\boldsymbol{H}_k)$ *der Länge* $l(\mathfrak{F})$ *mit*

$$\max\{k+1, \Phi(\boldsymbol{C})\} \leqq l(\mathfrak{F}) \leqq k + k \cdot \big(\Phi(\boldsymbol{C}) + 2(n(k+1)+k)\big)$$

zur Entdeckung aller Einzelfehler bzw.

$$\max\{k+1, \hat{\Phi}(\boldsymbol{C})\} \leqq l(\mathfrak{F}) \leqq k + k \cdot \hat{\Phi}(\boldsymbol{C})$$

für die Entdeckung aller Mehrfachfehler am Ausgang von $\boldsymbol{H}_k$ *konstruierbar.*

Beweis. Aus dem Korollar zu den Lemmata 4 und 5 folgt, daß die Testfolge $\mathfrak{F}(\boldsymbol{H}_k)$ im Einzelfehlerfall $\Phi(\boldsymbol{C}) + 2(n(k+1)+k)$ Tests und im Mehrfachfehlerfall $\hat{\Phi}(\boldsymbol{C})$ Tests enthalten muß. Wir konstruieren Folgen $\mathfrak{F}$ der angegebenen Längen, die diese Forderungen erfüllen.

Mit $T(\boldsymbol{C})$ bzw. $\hat{T}(\boldsymbol{C})$ seien vollständige und minimale Testmengen aller Einzel- bzw. Mehrfachfehler von $\boldsymbol{C}$ bezeichnet. Jedem Test aus $T(\boldsymbol{C})$ bzw. $\hat{T}(\boldsymbol{C})$ entspricht genau ein Zustand der Schaltung $\boldsymbol{H}_k$. Nach k Schritten ist der Zustand einer modifizierten H-Schaltung aus der Ein- und Ausgabe bekannt (Lemma 1a), so daß jeder weitere Zustand nach höchstens k Schritten geladen werden kann (Lemma 1b). Diese vollständige Testfolge aller Einzelfehler von $\boldsymbol{C}$ und aller Mehrfachfehler der Eingänge von $\boldsymbol{C}$ ist also maximal $k + k \cdot \big(\hat{\Phi}(\boldsymbol{C}) + 2(n(k+1)+k)\big)$ Zeichen lang; die vollständige Testfolge aller Mehrfachfehler ist maximal $k + k \cdot \hat{\Phi}(\boldsymbol{C})$ Zeichen lang. Die untere Schranke folgt aus Lemma 2 und der Beobachtung, daß sich alle Tests an mindestens einer Stelle unterscheiden. Damit ist die Behauptung bewiesen.

In [2] werden notwendige und hinreichende Bedingungen dafür angegeben, daß die Ausgabefunktion λ eines Automaten gleich der Rückkopplungsfunktion δ ist. Für die Realisierung eines solchen speziellen Automaten als modifizierte H-Schaltung folgt, daß der zusätzliche Test-Ausgang überflüssig ist, da seine Funktion durch den Ausgang der f_λ-Funktion übernommen werden kann. Es folgt das

Korollar. *Jeder endliche Automat* $\boldsymbol{A}$ mit $\delta(\boldsymbol{A}) = \lambda(\boldsymbol{A})$ *ist als H-Schaltung* $\boldsymbol{H}_k$ *mit einem zusätzlichen Test-Eingang realisierbar, so daß für* $\boldsymbol{H}_k$ *stets eine vollständige Testfolge* $F(\boldsymbol{H}_k)$ *nach Satz 2 konstruierbar ist.*

Da in der Literatur [5] Schaltkreis-Realisierungen bekannt sind, deren Testkomplexität der Einzelfehler linear zur Zahl der Eingangsleitungen wächst, wird durch Satz 2 eine obere Schranke in der Größenordnung nk^2 angegeben, sofern C entsprechend [5] realisiert wird. Besitzt ein derart realisierter Automat q Eingabewörter und werden die p Zustände gemäß [4] kodiert, so ist eine vollständige Testfolge aller Einzelfehler mit einer Länge der Größenordnung $(\log_2 q) \cdot (\log_2 p)$ nach Satz 2 konstruierbar.

3. Ausblick

Wir haben für eine bestimmte Normalform von Schaltwerken gezeigt, daß ein enger Zusammenhang zwischen der Test-Komplexität des kombinatorischen Teils und der Testkomplexität des Schaltwerks besteht. Um diesen Zusammenhang zu erzwingen, war es notwendig einen zusätzlichen Testeingang zu schaffen und (bis auf einen automatentheoretischen Spezialfall) auch einen zusätzlichen Testausgang zu benutzen. Bei einer einfachen Übertragung auf Schaltwerke mit k Rückkopplungen ergäbe sich die Notwendigkeit, k zusätzliche Eingänge und k zusätzliche Ausgänge zu benutzen. Dies ist bei großem k natürlich nicht wünschenswert, so daß sich die Frage ergibt, ob sich das erhaltene Ergebnis für solche Schaltungen mit Hilfe anderer Methoden zeigen läßt.

Literatur

[1] Friedman, A. D., Feedback in synchronous sequential switching circuits. IEEE Trans. Electron. Comp. **EC-15** (1966) 3, 354–367.

[2] Friedman, A. D., P. R. Menon, Fault detection in digital systems. Prentice Hall, Englewood Cliffs 1971.

[3] Hotz, G., Eine Algebraisierung des Syntheseproblems von Schaltkreisen I, II. EIK **1** (1965) 3, 185–205; 4, 209–231.

[4] Reusch, B., Automatentheorie. Als Vorlesungs-Manuskript vervielfältigt. Dortmund 1973.

[5] Coy, W., Zur Konstruktion einfach testbarer Schaltkreise. EIK **12** (1976) 4/5, 171 bis 179.

Kurzfassung

Friedman hat eine Schaltwerk-Normalform angegeben, in der jeder Automat mit Hilfe mehrerer Schieberegister und einer einzigen Rückkopplung realisiert werden kann. In der vorliegenden Arbeit wird gezeigt, daß in dieser Normalform jeder Leitungsfehler als Fehler des kombinatorischen Teils interpretiert werden kann und daß durch Hinzunahme eines zusätzlichen Testeingangs und eines zusätzlichen Testausgangs aus einer minimalen Testmenge des kombinatorischen Teils direkt eine Testfolge des ganzen Schaltwerks konstruierbar ist. Zwischen der Mehrfachfehler-Testkomplexität $\hat{\Phi}(C)$ des kombinatorischen Teils C und der Länge der minimalen Testfolge $l(S)$ des Schaltwerks besteht der Zusammenhang

$$\max\{\hat{\Phi}(C), k\} \leqq l(S) \leqq k + k \cdot \hat{\Phi}(C),$$

wobei k die Länge der Schieberegister in S ist.

Abstract

Friedman has shown a normalform-theorem for the realization of automata as sequential circuits with several shift-registers and only one single feedback line. We demonstrate that by the use of one additional test input line and one additional test output line every minimal test set of the combinational part may be embedded into a test sequence of the whole circuit. The length $l(S)$ of a minimal test sequence of S is determined by the multiple fault test complexity $\hat{\Phi}(C)$ of the combinational part C by the relation

$$\max\{\Phi(\hat{C}), k\} \leqq l(S) \leqq k + k \cdot \hat{\Phi}(C),$$

where k is the length of the shift-registers in S.

Резюме

Фридман приводил нормальную форму схемы, в которой каждый автомат может быть реализован с помощью нескольких регистров сдвига и не больше чем одной обратной связи. Мы показываем, что в этой нормальной форме каждая ошибка проводимости может быть истолкована как ошибка комбинаторной части и что путем привлечения добавочного испытательного входа и добавочного испытательного выхода из минимального множества испытаний комбинаторной части непосредственно можно конструировать последовательность испытаний всей схемы. Между комплексностью испытаний $\hat{\Phi}(C)$ комбинаторной части C и длиной минимальной последовательности испытаний $l(S)$ схемы имеет место следующее соотношение:

$$\max \{\hat{\Phi}(C), k\} \leqq l(S) \leqq k + k \cdot \hat{\Phi}(C)$$

причем k является длиной регистров сдвига в S.

(Eingang: erste Fassung am 3. 11. 1975,
vorliegende Fassung am 6. 4. 1976)

Anschrift der Verfasser:

Dr. W. Coy,
A. Vogel
Abteilung Informatik der
Universität Dortmund
Postfach 500500
4600 Dortmund
BRD

Elektronische Informationsverarbeitung und Kybernetik
EIK 12 (1976) 11/12, 567 – 587

A model for PL/I list-processing using the method of semantic bricks

By WALTER ISSEL[1])

1. Introduction

In the paper "A method to formalize the semantics of programming languages" (published in EIK 11 (1975) 4–6, 228–239) the semantics of programs of the language ALGOL 60 was interpreted by the elaboration of a corresponding sequence of so-called semantic bricks.

As stated in that paper (referred to in the sequel as the "former paper"), by the same method, using the same bricks or bricks very similar to those given, important parts of PL/I can be described exactly as in the former paper. To have something fixed in mind, we assume that that part of PL/I which is a part of ALGOL 60, too, and which is described in the former paper, is formalized by the original model. This model is generalized here to take into account the basic features of PL/I list-processing (as described by the F-compiler).

In the paper "A model for PL/I-multitasking using a simulated time" (published in EIK 11 (1975) 4–6, 239–252) the model of the former paper is generalized to describe the main features of multitasking as it occurs in PL/I. It is straightforward to combine both generalizations into one model. Therefore, multitasking is not considered here.

First that part of list-processing is sketched which is to be described here. Then the necessary generalization of the model is given. Then a program example of PL/I and its splitting into a sequence of bricks is shown, together with the bricks and the results of their elaboration. As in the former paper, in some cases only a simplified version of these bricks is given, e.g., not all possible tests are made.

The knowledge of the former paper is assumed, most of the notation is taken over from it.

2. The basic features of PL/I list-processing

For list-processing in PL/I the concepts BASED-variable, POINTER-variable, ALLOCATE-statement, FREE-statement, and the builtin-functions ADDR and NULL are necessary, together with data-structures.

A POINTER-variable has as value an address of the storage, which cannot be set directly by the programmer. It can be set in assignments, to receive the value of another pointer, to get the value NULL (i.e., to point nowhere) or to receive the address of (the value of) a variable x by ADDR(x).

If a variable has the attribute BASED, it gets storage only after an ALLOCATE-statement has been elaborated, i.e., not immediately after entrance into the block in

[1]) Central Institute for Mathematics and Mechanics of the Academy of Sciences of the G.D.R. (Director: Prof. Dr. K. MATTHES).

which it is declared, as this is the case for AUTOMATIC-variables. There can be several allocations of storage for the same BASED-variable, each allocation is referred to by a pointer which has as value the address of the allocated storage. The pointer is set in the corresponding ALLOCATE-statement. If a BASED-variable is used, the pointer pointing to the desired allocation has to be given, the use of the variable has to be (pointer) "qualified".

Example.

DCL I BASED (P); DCL (P, Q) POINTER;
ALLOCATE I SET (P); R: P −> I = 1; ... ALLOCATE I SET (Q);
S: Q −> I = 2; T:P −> I = Q −> I;

By this part of a program two allocations for I are made, the first with pointer P, the second with pointer Q. At R and S I gets values, but at R,1 is assigned to the *first* allocation of I, at S,2 is assigned to the *second* allocation. At T, the value of I in the second allocation is assigned to the first allocation, cf. Fig. 1.

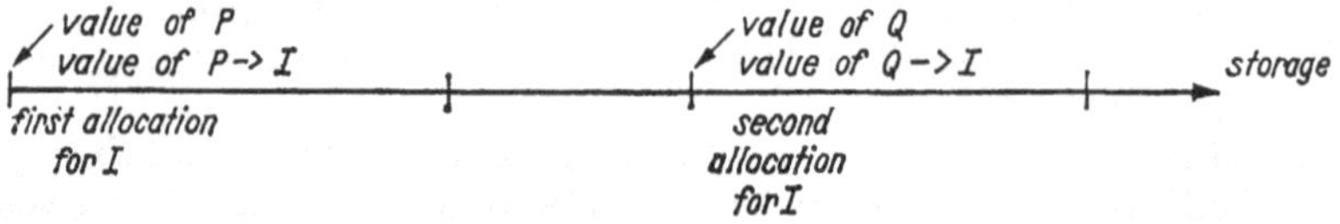

Fig. 1

If any allocated storage is no longer needed, it can be given up by a FREE-statement in which the corresponding pointer appears:

FREE P −> I;

Then this allocation for I is no longer accessible.

Data-structures in PL/I are vectors containing elements of different kinds, an element can again be a structure, then it is called a substructure. The subordination is via level-numbers, a name with higher level-number is directly subordinated to the next name with a lower number preceding it. Each element is declared in the usual way.

Example.

1 A, 2 B, 3 C, 3 D, 4 E, 3 F, 2 G

could be depicted as in Fig. 2 (the lines denoting subordination, the highest levels being on top).

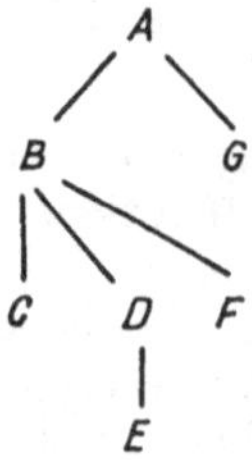

Fig. 2

An element of a structure is selected by the name of that structure and the sequence of the names of all substructures in which it is contained. In the tree structure, it is the sequence of the names of all nodes on the way from the top to the desired element. E.g., from the structure of Fig. 1 the element E would be selected by A B.D.E. This element is called qualified by A,B,D.

Example. The described concepts are used for list-processing e.g. in a double-linked list, in the following way. Let C denote the structure which is needed to represent an element of the desired list. Then, for every element of the list, C is embedded into a structure with two pointers P, Q. P is the backward pointer, it points to the list-element preceding the given element (i.e. preceding the element in which it occurs), Q is the forward pointer, pointing to the next element. The first backward pointer and the last forward pointer are given the value NULL. Each list-element has its own allocation and pointer. A list-element then is of the form

```
1 LIST-ELEM BASED(S),
   2 P /* BACKWARD */ POINTER,
   2 C /* THE SUBSTRUCTURE OF THE LIST ELEMENT PROPER*/,
   2 Q /* FORWARD */ POINTER
```

In Fig. 3 an example of a list of length 5 containing elements of the form shown is given. The list elements are numbered, they need not be stored one after the other. The tip of an arrow points to the values (adresses) of the pointers from which they emerge. An element is shown as containing three parts corresponding to the three direct elements.

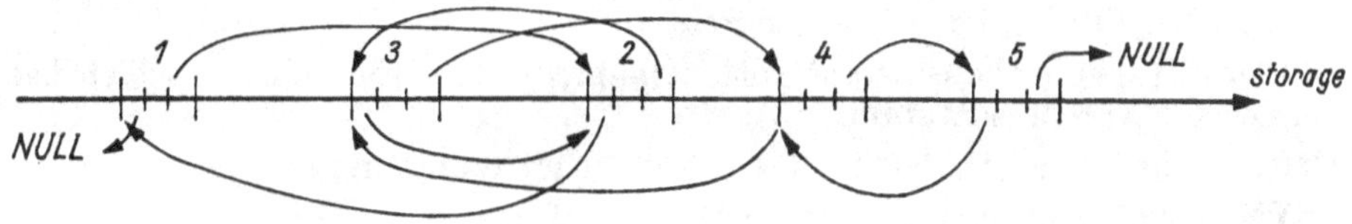

Fig. 3

In order not to have the technique too complicated, some facilities of PL/I are not taken into account:
Neither offset-variables nor the application of BASED-variables for input-output are considered. Pointer after BASED or used for qualifying may not be structure elements (and not be subscripted or BASED, as in PL/I), a mixture of structures and arrays is not allowed, structureelements have to be fully qualified, the dimension-, BASED-attributes and level-numbers may not be factorized, storage may be freed only if it was allocated in the block in which the FREE-statement occurs. The sizes of BASED-arrays and the lengths of BASED-strings (possibly given by expressions) are calculated at the declaration and are then fixed for every allocation. There is no REFER-option. Since the basic model does not allow any implicit declarations, they are not allowed here, too.

3. Generalization of the original model

In the former paper a formal set-theory was sketched which was used to define via semantic bricks the semantics of programming languages for the example ALGOL 60. The basic philosophy was to interpret the calculus in the domain consisting of the sets over which the language is operating and a set of special strings. The language was considered as operating on abstract values by operations, there were symbols or strings to denote these values and operations and it was assumed that by the language four functions TY, CONST, OP, REP are defined which give the connections between abstract objects of the language and their denotations in the language.

For PL/I another point of view seems to be more suitable. Here it is thought of operating on bit-strings together with type-predicates, where the bit-strings are representations of values of those types. It is assumed that there exist a set of type-predicates, sets of constants to denote values of certain types, conversions between bit-sequences with different type-predicates, etc. In addition, PL/I operates on (abstract) integers (for addresses).

With this point of view, some sets and functions are assumed to be given by the language to be interpreted (here PL/I):

DENTYPR is the set of denotations of type-predicates.

STYPE is the set of type-predicates.

TYPR maps DENTYPR onto STYPE.

$\{CONST(y)\}\ y \in STYPE$ is an aggregate of sets of constants of type $y (y \in STYPE)$, these sets are assumed to be disjoint:

$$\neg x = y \rightarrow \neg \exists z (z \in CONST(x) \wedge z \in CONST(y)) .$$

TYPE(x) is the type of the constant x, i.e., that $y \in$ STYPE with $x \in$ CONST(y).

TYLENGTH(x) is an integer, the number of bits needed to represent any value of type $x \in$ STYPE.

BITREP(x) is the bit-representation (of the value) of the constant x or of the integer x. The form of the constant determines its type, therefore, BITREP implicitly depends on a type-predicate. If x is an integer, this type-predicate is assumed to be TYPR(POINTER), i.e. x is an address.

REPCONST(u, v) is the constant with type-predicate v the value of which has bit-sequence u as representation.

NUM(x) is the integer the value of which is binary represented as bit-sequence x.

OPSYM is the set of operation-symbols.

OPER(x) for $x \in$ OPSYM is the set of operations denoted by the symbol x (the operation used in an expression is determined by the types of the operands or of the operand); the operations are assumed as defined over pairs as operand(s): [bit-sequence, type-predicate] and to have such pair as result.

TYOPB(x, y, z) is the type-predicate of the result of applying the binary operation OPER(x) ($x \in$ OPSYM) to operands of types y, z ($y, z \in$ STYPE). A similar function TYOPU is assumed to exist for unary operations.

POSS(K, x, y) is a predicate which is true if the operation denoted by K (K can be I,0 or a symbol for a unary operation, I denotes input, 0 output) is applicable to the bit-sequence x with type-predicate y, and false else.

POSS(L, u, v, x, y) similar is true if and only if the operation denoted by L (L can be A or a symbol for a binary operation, A denotes the assignation) is applicable to the bit-sequence u with type-predicate v as first and bit-sequence x with type-predicate y as second operand. For $L =$ A, POSS does not depend on u.

CONV(x, y, z) converts the bit-sequence y with type-predicate z to a bit-sequence with type-predicate x.

As in the former paper, a program is assumed to be split up into a list of brick-schemes. From this list the list of bricks corresponding to the program is obtained the elaboration of which results in the definition of sequences.

In order to describe the features of PL/I list-processing, an adressable memory is introduced in which the values of variables (as bit-strings) are stored. A memory contains the current values, a sequence of memories reflects the dynamic behaviour. Therefore, seven lists are defined:

ILS — input-list sequence, an input-list is a list of constants, ILS(1) is supposed to be given together with the program,

OLS — output-list sequence, an output-list contains constants, OLS(1) = Λ,
CLS — command-list sequence, a command-list is a list of bricks, CLS(1) is given by the program,
CCS — command-counting sequence, a command-counting contains numerations of bricks, CCS(1) = (1),
VSS — value-set-sequence, a value-set contains 7-tuples for all valid variables and a block-counting, VSS(1) = {[BL,0]},
STS — stack-sequence, a stack may contain 7-tuples like those in a value-set, or a value-pair, STS(1) = Λ,
MES — memory-sequence, a memory contains the values of the variables in bit-representation.

ILS, OLS, CCS are exactly as in the former paper, CLS is nearly as in the former paper, the only difference is that a brick now contains seven definition-schemes, just one for each of the now seven sequences.

The 7-tuples in the value-set now are of the form [mark, (new) name, type-predicate, block-level, address-component, list 1, list 2].

Components 1, 2, 4, 6, 7 have the same meaning as in the former paper, the same holds for component 3 with the exception that before insertion of the type-predicate an order-number is stored in this component reflecting the order of appearance of the corresponding variable in the actual declaration. This is done for technical reasons.

Components 6, 7 are used to identify elements of data-aggregates (arrays and structures). The names of substructures and endelements are treated as generalized subscripts, not as names.

The main difference to the 7-tuples of the former paper is component 5 in which now not the value of the variable but the address of its value in the memory is stored. This component is of the form

integer — (address) — of the value

— if the variable is not BASED,

[pointer — name, order-number, set of addresses]

— if the variable is BASED. In this case in the triple first the name of the pointer associated with the variable appears, the third component contains the (starting addresses of) storage for the variable for all of its allocations. The second component is SU if the variable is not an element of a BASED structure, it is the number of the element in the tree of the structure (counted from left) else.

Pointers have the same 7-tuples, their value is an address. In this paper, TU7 denotes the set of all 7-tuples of the generalized form described above.

For data-aggregates (arrays and structures) sets of 7-tuples are generated which have the same second component (the new name of the aggregate) but different sixth components (sequence of subscripts or sequence of the names of all containing substructures). A set S of 7-tuples "represents" a data-aggregate D if it contains all 7-tuples generated for D, it "represents" a "scalar variable" if it contains the 7-tuple for this variable.

The "stacks" are sequences which here are used not only in a LIFO-way. In the stacks, the 7-tuples described above (possibly with another pointer in their address-tuple) may appear and value-pairs of the form:

[bit-sequence, type-predicate],

giving a bit-sequence to be interpreted as value of the type indicated.

An element of the memory-sequence, a memory, is a list of a fixed given length (a power of 2), called MAXSTADDR, of bits. The first half (1 to MAXSTADDR/2 is reserved for AUTOMATIC-variables, the second from MAXSTADDR/2 + 1 to

MAXSTADDR) for BASED-variables. MES(1) is the sequence of 0-bits of length MAXSTADDR.

As all sequences count from 1, the assignment of 0 as value of a pointer (that is, e.g., the effect of P = NULL) makes this pointer to point nowhere.

The bricks of the former paper have to be changed mainly in the direction that they have to store and to select the values of variables by addresses, not directly. For the additionally described features of PL/I new bricks are introduced.

4. A program example and its splitting, some denotations

In this program all essentially new concepts (compared with the former paper) occur.

Since there is no change (compared with the former paper) in the treatment of labels, jumps and conditional statements, the following (meaningless) program does not contain these elements for control. No initial label is given to the program, because the handling of procedures is not to be described here.

The input-list is assumed to be (3.14, 2.10, 3.1).

```
PROC OPTIONS (MAIN);
DCL (B, C (1:3)) DEC FIXED (4, 2), (P, Q) POINTER;
DCL  D BASED(P) DEC FIXED (4, 2);
         GET LIST (C(2), B);
BEGIN;   DCL 1 A, 2 B, 3 C DEC FIXED (4, 2),
                    3 D BIN FIXED, 2 F BIN FIXED;
              ALLOCATE D, D SET (Q)
                    D = 1.0 E - 1;
                    P = ADDR (A.B.C);
                    D = B + 1.0;
END;
PUT LIST (D, B);  FREE   Q -> D;
END;
```

The following sequence AN (with the same meaning as in the former paper) corresponds to this program:

1. [PROC OPTIONS (MAIN); block-begin]
2. [B, name in declaration]
3. [C, name in declaration]
4. [1, constant]
5. [3, constant]
6. [1:3, next pair of bounds]
7. [DEC FIXED (4,2), type-predicate]
8. [P, name in declaration]
9. [Q, name in declaration]
10. [POINTER, type-predicate]
11. [DCL (B, C(1:3)) DEC FIXED (4,2), (P,Q) POINTER;, declaration]
12. [D, name in declaration]
13. [P, used name]
14. [D BASED (P), based]
15. [DEC FIXED (4,2), type-predicate]
16. [DCL D BASED (P) DEC FIXED (4,2);, declaration]
17. [C, used name]
18. [2, constant]
19. [2, next index]
20. [C(2), aggregate-element]
21. [B, used name]
22. [GET LIST (C(2), B);, input]
23. [BEGIN, block-begin]
24. [A, name in declaration]
25. [B, subordinate name]
26. [C, subordinate name]
27. [DEC FIXED(4,2), type-predicate]
28. [D, subordinate name]
29. [BIN FIXED, type-predicate]
30. [2 B, 3 C DEC FIXED (4,2), 3 D BIN FIXED, substructure]
31. [F, subordinate name]
32. [BIN FIXED, type-predicate]
33. [1 A, ... , 2 F BIN FIXED, substructure]
34. [DCL 1 A, ... , 2 F BIN FIXED;, declaration]

35. [D, used name]
36. [D, used name]
37. [Q, used name]
38. [D SET (Q), pointer-setting]
39. [ALLOCATE D, D SET (Q);, allocation]
40. [D, used name]
41. [1.OE-1, constant]
42. [D = 1.OE-1;, assignment]
43. [P, used name]
44. [A, used name]
45. [B, selector]
46. [C, selector]
47. [A.B.C., aggregate-element]
48. [ADDR (A.B.C), address]
49. [P = ADDR(A.B.C);, assignment]
50. [D, used name]
51. [B, used name]
52. [1.0, constant]
53. [+, operation-symbol]
54. [B + 1.0, binary operation]
55. [D = B + 1.0;, assignment]
56. [BEGIN; ... END;, block]
57. [D, used name]
58. [B, used name]
59. [PUT LIST (D,B);, output]
60. [Q, used name]
61. [D, used name]
62. [Q−>D, pointer-setting]
63. [FREE Q−>D;, freeing]
64. [PROC OPTIONS (MAIN); ... END P;, block]
65. [PROC OPTIONS (MAIN); ... END P;, program]

Some more denotations and operations are needed than in the former paper. Most of them are defined in the bricks in which they occur. The following are considered as being elementary (easily expressible in the framework of set-theory).

$\emptyset$ — the empty set.

NNAME — set of new names, i.e. of non-empty strings consisting of the special letter Z only.

$\underset{x \in M}{\text{MAX}}\big(F(x)\big)$ — maximum of all (integer) values of $F(x)$ with x ranging over M, $= 0$ if M is empty. $\underset{x \in M}{\text{MIN}}\big(F(x)\big)$ is defined analogously.

RMSUBSEQ(F, n, m) removes all elements from the sequence F with indices $\geqq n$ and $\leqq n + m - 1$, $= F$ if $n > \perp F \perp$. RMSUBSEQ is a generalization of RMSEL.

RPSUBSEQ(F, n, G) replaces the subsequence of the sequence $F(\neq \Lambda)$ from index n to index $n + \perp G \perp - 1$ by the sequence $G(\neq \Lambda)$ if $n + \perp G \perp - 1 \leqq \perp F \perp$; if $\perp F \perp < n + \perp G \perp - 1$ • SUBSEQ(F, n, $\perp F \perp - n + 1$) is replaced by SUBSEQ(G, 1, $\perp F \perp - n + 1$). RPSUBSEQ generalizes RPSEL.

SUBSEQ(F, n, m) is the subsequence of length $\perp F \perp - n + 1$ or m depending on whether $m > \perp F \perp - n + 1$ or not).

SEQZB(n) is the sequence of length n of zero-bits.

RPSECO$n$$\big(M, \{x \mid x \in M \wedge H(x) \mapsto T(x)\big)$ replaces the n-th components of all elements x of the set M with $H(x)$ true by the value of the term $T(x)$. RPSECOn generalizes RPCOMPn.

FOSEQ$\big(F, (x \in F \mapsto G(x, ...))\big)$ is the sequence which results if all elements x of sequence F are replaced by $G(x)$, G being a function depending on x and, possibly, other arguments.

RPSESSEQ$\big(F, \{\text{SUBSEQ}(F, u(x), \text{ADL}\big) \mid \{x \in M \wedge H(x) \mapsto G\}\}\big)$ replaces for all $x \in M$ with $H(x)$ true all subsequences of the sequence F starting at number $u(x)$ with length ADL = TYLENGTH(TYPR(POINTER)) by the sequence G_x (with $\perp G_x \perp$ = ADL for all x) depending on x. ADL is the length of the bit-representation of an address. RPSESSEQ generalizes RPSUBSEQ.

As in the former paper, $F(x_1, \ldots, x_n)$ is the value of the function F for the arguments shown, therefore, if F is a sequence, $F(n)$ is its n-th element, $n \geqq 1$.

The auxiliary functions and sets used in the sequel are sometimes defined recursively. In such definitions the variables ME, VS, ST, IL occur. Without explicitly mentioning it, in this case always a sequence or set of the structure described for elements of MES, VSS, STS, ILS, respectively, is admitted as value for this variables. In other contexts, ME, VS, ST, IL, OL, CL, CC denote the last (actual) element of the corresponding sequence.

Since not all possible error-situations are tested, it may happen that in an error-situation some functions or sets are not defined. The elaboration of a definition-scheme containing something undefined is defined to leave the corresponding sequence unchanged, to avoid too many tests.

5. The elaboration of the list of bricks corresponding to the program example

In this section the elaboration of the program of Section 4 is shown. The numbers in front refer to the brick-scheme with that number in the sequence AN. Then the brick is written together with some explaining remarks and, possibly, definitions of functions used in the brick and not yet defined. Empty definition-schemes are omitted. If a brick is the same as in the simpler model (cf. the elaboration of the program example in Section 6 of the former paper), this is indicated by "as before (n)" with n being the number of the brick in Section 6. For an informal explanation then cf. the former paper.

After each brick the result of its elaboration with respect to the sequences VSS, STS, MES, ILS, OLS is given if the corresponding sequence is changed by that brick. CCS will always activate the next brick. CLS is not changed except for the insertion of new names instead of old ones, here always the new names are used (Z^{2^2} for B, Z^{2^3} for C, etc.).

For better readability, what has changed in VS or ST is underlined. If they are not important in the given context, components of 7-tuples are omitted.

Constants are written as they appear in PL/I.

To save space an abbreviation for certain tests is introduced: The two definition-schemes for OLS, CCS in the case of an error situation (reflected by the truth of the logical expression H)

$$\text{OLS}: \langle H \rightarrow \langle \nabla ; \text{OL}; \text{string}\rangle,\rangle, \text{CCS}: \langle H \rightarrow \langle \text{END}\rangle,\rangle$$

are written together in the abbreviated form

$$H \rightarrow [\text{string, END}]$$

with "string" being the error message.

At the outset

IL = (3.14,2.10,3.1), OL = ST = Λ, VS = {[BL,0]},

ME = sequence of length MAXSTADDR of 0-bits.

1. [BB,G,1,VSS: ⟨RPCOMP2; VS; {BLC}; ABL+1⟩,CLS:⟨INSNN;CL⟩]

The brick is as before (1).

VS = {[BL,$\underline{1}$]}.

2. $[Z^{2^2},\text{D},2,\text{VSS}: \langle \cup ; \text{VS}; \{[\text{UN},Z^{2^2}, \max_{x \in \text{VS} \wedge \text{CO1}=\text{UN}} (\text{CO3}(x))+1,\text{ABL},\text{SU}, \Lambda, \Lambda]\}\rangle]$

This brick is almost as before (2), but here a provisional counting of the order in which the names appear in the declaration is inserted in the third component of the 7-tuple.

VS = {[BL,1}, $\underline{[\text{UN},Z^{2^2},1,1,\text{SU}, \Lambda, \Lambda]}$}.

3. As 2.

VS = {[BL,1], [Un,Z^{2^2},1,1,SU, Λ, Λ], $\underline{[\text{UN}, Z^{2^3},2,1,\text{SU}, \Lambda, \Lambda]}$}.

4. [EM,G,4,STS:$\langle \nabla$;ST;[BITREP(FCAN),TYPE(FCAN)]$\rangle$]

The brick is essentially the same as before (7), but the constant is stored as pair in the stack.

ST = $(\underline{[1,\mathrm{TYPE}(1)]})$.

5. As 4.

ST = $([1, \mathrm{Type}\ (1)], \underline{[3,\mathrm{TYPE}(3)]})$.

6. $$[\mathrm{EM,G,6,VSS}:\langle \setminus ;\langle \cup ;\mathrm{VS}; \{x \mid x \in \mathrm{TU7} \wedge \exists y \exists z (y \in \mathrm{VS} \wedge \mathrm{CO1}(y) = \mathrm{UN} \wedge \mathrm{CO3}(y) = \max_{u \in \mathrm{VS} \wedge \mathrm{CO1}(u) = \mathrm{UN}} (\mathrm{CO3}(u)) \wedge z \in \mathrm{INT} \wedge \mathrm{NUM}(\mathrm{VAL}(\mathrm{ME,VS,ST}\ominus 2)) \leqq z \leqq \mathrm{NUM}(\mathrm{VAL}(\mathrm{ME,VS,ST}\ominus 1)) \wedge \bigwedge_{\substack{i=1\\ i \neq 6}}^{7} - \mathrm{CO}i(x) = \mathrm{CO}i(y) \wedge \mathrm{CO6}(x) = \mathrm{CO6}(y)\ \nabla z)\}\rangle; \{x \mid x \in \mathrm{VS}' \wedge \mathrm{CO1}(x) = \mathrm{UN} \wedge \exists y (y \in \mathrm{VS}' \wedge \mathrm{CO1}(y) = \mathrm{UN} \wedge \mathrm{CO2}(x) = \mathrm{CO2}(y) \wedge \neg \mathrm{CO6}(x) = \mathrm{CO6}(y) \wedge \mathrm{C}\overline{\mathrm{O6}}(x) \subseteqq \mathrm{CO6}(y))\}\rangle, \mathrm{STS}:\langle \mathrm{RMSEL;ST};\ominus 2\rangle]$$

As in the former paper, VS′ always denotes the result of the inner operation for VSS. For the formal definition of the value VAL of a stack-element see brick 22.

The brick is essentially the same as before (16). The additional part ensures that the dimension-attribute refers only to the name treated immediately before (and not also to B).

$$\mathrm{VS} = \{[\mathrm{BL},1], [\mathrm{UN},Z^{2^s},1,1,\mathrm{SU}, \Lambda, \Lambda], \underline{[\mathrm{UN},Z^{2^s},2,1,\mathrm{SU},(1), \Lambda]}, \underline{[\mathrm{UN},Z^{2^s},2,1,\mathrm{SU},(2), \Lambda]}, \underline{[\mathrm{UN},Z^{2^s},2,1,\mathrm{SU},(3), \Lambda]}\},$$

ST = Λ.

7. $$[\mathrm{EM, G,9}, \neg(\mathrm{NFSTADAUT(VS)} + |\mathrm{E(VS)}| \cdot \mathrm{TYLENGTH(TYPR(FCAN))} - 1 \leqq \mathrm{MAXSTADDR}/2 \rightarrow [\mathrm{NOT\ ENOUGH\ STORAGE, END}], \mathrm{VSS}:\langle \mathrm{RPSECO5};\langle \mathrm{INSSTADAUT;VS;FCAN}\rangle; \{x \mid x \in \mathrm{VS}' \wedge \mathrm{CO1}(x) = \mathrm{UN} \wedge \mathrm{CO1}(\mathrm{CO5}(x)) \in \mathrm{NNAME} \wedge \mathrm{CO2}(\mathrm{CO5}(x)) = \mathrm{SU} \wedge \forall y (y \in \mathrm{VS}' \wedge \wedge \mathrm{CO2}(x) = \mathrm{CO2}(y) \wedge \mathrm{CO2}(\mathrm{CO5}(x)) = \mathrm{SU} \rightarrow \mathrm{CO6}(y) \subseteqq \mathrm{CO6}(x))\} \mapsto [\mathrm{CO1}(\mathrm{CO5}(x)), \max_{\substack{y \in \mathrm{VS}' \cdot \wedge \mathrm{CO1}(y) = \mathrm{UN} \wedge \mathrm{CO1}(\mathrm{CO5}(y)) \in \mathrm{NNAME} \wedge \\ \exists z (z \in \mathrm{VS}' \wedge \neg x = z \wedge \mathrm{CO2}(z) = \mathrm{CO2}(y) \wedge \mathrm{CO6}(z) \subseteqq \mathrm{CO6}(y))}} (\mathrm{CO2}(\mathrm{CO5}(y)) + 1, \mathrm{CO3}(\mathrm{CO5}(x)))]\rangle]$$

First there is a test whether there is enough (AUTOMATIC-)storage to accomodate all variables with the given type-predicate.

The outer operation for VS inserts a number in CO2(CO5(x)) for all endelements x of a BASED-structure A giving the order of x in the tree for A (counted from left). This number is important for allocations of A.

INSSTADAUT inserts the addresses in the storage in the fifth components of the set E(VS) of those 7-tuples of VS which are to be given the type-predicate TYPR(FCAN), and this type-predicate, in their third components.

In our example, this is to be done for the set of 7-tuples for Z^{2^s}, $Z^{2^s}(1)$, $Z^{2^s}(2)$, $Z^{2^s}(3)$.

The set E(VS) is ordered in the following way: If two 7-tuples have different names (second components), that with the smaller order-number (third component) precedes that with the bigger one, if the names are equal (in the case of an array), that with the smaller sixth component precedes that with the bigger sixth component (with respect to the lexicographical ordering of finite sequences of integers, here denoted by $<$, too). For the example, the ordering is shown in the preceding section. This ordering of E(VS) is denoted by $<\cdot$.

The formal definitions are:

$$\mathrm{NFSTADAUT(VS)} = \mathrm{CO5(LAUTEL(VS))} + \mathrm{TYLENGTH(CO3(LAUTEL(VS)))} + 1,$$
$$\mathrm{LAUTEL(VS)} = \iota x\Big(x \in \mathrm{VS} \wedge \mathrm{CO5}(x) \in \mathrm{INT} \wedge \mathrm{CO5}(x) = \max_{y \in \mathrm{VS} \wedge \mathrm{CO5}(y) \in \mathrm{INT}} (\mathrm{CO5}(y))\Big).$$

NFSTADAUT is the next free address in the AUTOMATIC-memory. It is determined by the element LAUTEL stored last in the AUTOMATIC-memory, it has the largest fifth component in VS.

$$\mathrm{E(VS)} = \{x \mid x \in \mathrm{VS} \wedge \mathrm{CO1}(x) = \mathrm{UN} \wedge \neg\, \mathrm{CO3}(x) = \mathrm{SU} \wedge \neg\, \mathrm{CO3}(x) \in \mathrm{STYPE} \wedge$$
$$\wedge \neg\, \exists y(y \in \mathrm{VS} \wedge \mathrm{CO1}(y) = \mathrm{UN} \wedge \mathrm{CO2}(y) = \mathrm{CO2}(x) \wedge \neg\, \mathrm{CO6}(y) = \mathrm{CO6}(x) \wedge$$
$$\wedge\, \mathrm{CO6}(x) \subsetneqq \mathrm{CO6}(y))\}.$$

The last part is important for endelements of structures only (cf. brick 25), it ensures that only NAMT(VS) will be in E(VS).

$$\mathrm{INSSTADAUT(VS,FCAN)} = \mathrm{INSSTADAUT}(\mathrm{RPCOMP3}(\mathrm{RPCOMP5}(\mathrm{VS}, \mathrm{MIN}_{<\cdot}(\mathrm{E(VS)}),$$
$$\mathrm{NFSTADAUT(VS)}, \mathrm{MIN}_{<\cdot}(\mathrm{E(VS)}), \mathrm{TYPR(FCAN)}))),$$

$$\mathrm{MIN}_{<\cdot}(\mathrm{E(VS)}) = \{x \mid x \in \mathrm{E(VS)} \wedge \forall y(y \in \mathrm{E(VS)} \wedge \neg\, x = y \rightarrow (\neg\, \mathrm{CO2}(x) = \mathrm{CO2}(y) \rightarrow$$
$$\mathrm{CO3}(x) \mathrel{<\cdot} \mathrm{CO3}(y)) \wedge (\mathrm{CO2}(x) = \mathrm{CO2}(y) \rightarrow \mathrm{CO6}(x) < \mathrm{CO6}(y)))\}.$$

$\mathrm{MIN}_{<\cdot}(\mathrm{E(VS)})$ contains the minimal elements of E(VS) with respect to $<\cdot$ or is empty (if E(VS) is empty).

During the process of insertion of addresses and type-predicates by INSSTADAUT, the set E(VS) and, therefore, $\mathrm{MIN}_{<\cdot}(\mathrm{E(VS)})$ will change because by INSSTADAUT a type-predicate is inserted in $\mathrm{MIN}_{<\cdot}(\mathrm{E(VS)})$ so that the set E(VS) for the next applicction of INSSTADAUT will be smaller, INSSTADAUT being a recursively defined operation.

Denote TYPR(DEC FIXED (4,2)) by T1 and TYLENGTH(T1) by n, then

$$\mathrm{VS} = \{[\mathrm{BL},1], [\mathrm{UN}, Z^{2^2}, \underline{\mathrm{T1}}, 1, \underline{1}, \Lambda, \Lambda], [\mathrm{UN}, Z^{2^3}, \underline{\mathrm{T1}}, 1, \underline{n+1}, (1), \Lambda],$$
$$[\mathrm{UN}, Z^{2^3}, \underline{\mathrm{T1}}, 1, \underline{2n+1}, (2), \Lambda], [\mathrm{UN}, Z^{2^3}, \underline{\mathrm{T1}}, 1, \underline{3n+1}, (3)\, \Lambda]\},$$

for ME see Fig. 4.

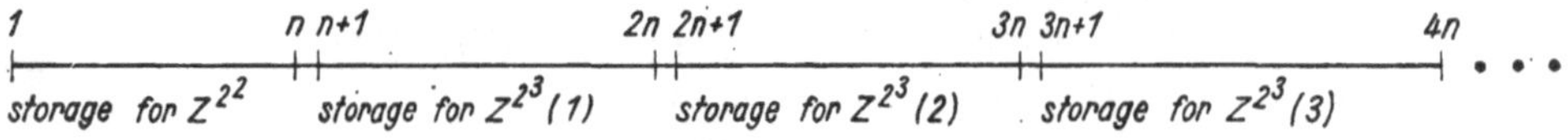

Fig. 4

8. As 2, with Z^{2^8} as new name for P.

$$\mathrm{VS} = \{[\mathrm{BL},1], \ldots, [\mathrm{Un}, Z^{2^3}, \mathrm{T1}, 1, 3n+1, (3), \Lambda], \underline{[\mathrm{UN}, Z^{2^8}, 1, 1, \mathrm{SU}, \Lambda, \Lambda]}\}.$$

9. As 2, with Z^{2^9} for Q.

$$\mathrm{VS} = \{[\mathrm{BL},1], \ldots, [\mathrm{UN}, Z^{2^8}, 1, 1, \mathrm{SU}, \Lambda, \Lambda], \underline{[\mathrm{UN}, Z^{2^9}, 2, 1, \mathrm{SU}, \Lambda, \Lambda]}\}.$$

10. As 7. Denote TYPR(POINTER) by T2 and TYLENGTH(T2) by m, then

$$\mathrm{VS} = \{[\mathrm{BL},1], \ldots, [\mathrm{UN}, Z^{2^3}, \mathrm{T1}, 1, 3n+1, (3), \Lambda], [\mathrm{UN}, Z^{2^8}, \underline{\mathrm{T2}}, 1, \underline{4n+1}, \Lambda, \Lambda],$$
$$[\mathrm{UN}, Z^{2^9}, \underline{\mathrm{T2}}, 1, \underline{4n+m+1}, \Lambda, \Lambda]\},$$

for ME see Fig. 5.

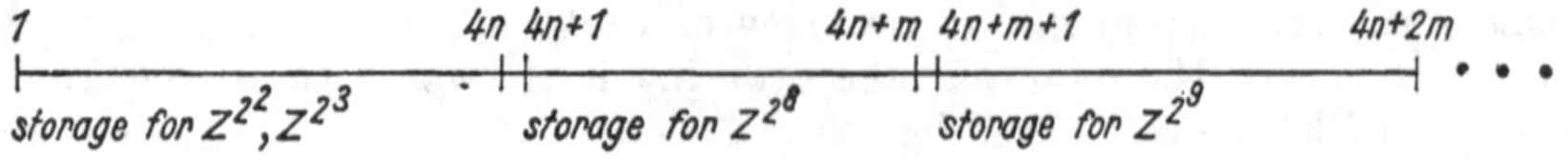

Fig. 5

11. [EM,G,11,VSS:⟨RPCOMP1;VS;$\{x \mid x \in \mathrm{VS} \wedge \mathrm{CO1}(x) = \mathrm{UN}\}$; N⟩]
This brick is as before (5).
VS = {[BL,1], [N,Z^{2^2},,,,,], [N,Z^{2^3},,,,,], ... , [N,Z^{2^9},,,,,]}.

12. As 2, with $Z^{2^{12}}$ for D.
VS = {[BL,1], ... , [N,Z^{2^9},T2,1, $4n + m + 1$, Λ, Λ], [UN,$Z^{2^{12}}$,1,1,SU, Λ, Λ]}.

13. [Z^{2^9},U,13,STS: ⟨∇ ;ST; $\{x \mid x \in \mathrm{VS} \wedge \mathrm{CO2}(x) = \mathrm{FCOMP}\}$⟩]
This brick is a simplified form of (6) of the former paper.
ST = ({[N,Z^{2^9},T2,1, $4n + 1$, Λ, Λ]}).

14. [EM,G,14,VSS: ⟨RPCOMP3;⟨RPCOMP5;VS; $\{x \mid x \in \mathrm{VS} \wedge \mathrm{CO1}(x) = $
$= \mathrm{UN} \wedge \mathrm{CO3}(x) = \max\limits_{y \in \mathrm{VS} \wedge \mathrm{CO1}(y) = \mathrm{UN}} (\mathrm{CO3}(y))\}$; [CO2(ST$\ominus$1),SU,$\varnothing$]⟩;
$\{x \mid x \in \mathrm{VS}' \wedge \mathrm{CO1}(x) = \mathrm{UN} \wedge$
$\mathrm{CO3}(x) = \max\limits_{y \in \mathrm{VS}' \wedge \mathrm{CO1}(y) = \mathrm{UN}} (\mathrm{CO3}(y))\}$; SU⟩, STS: ⟨RMSEL;ST;$\ominus$1⟩] .

This brick replaces the order-number in the third component of the last 7-tuple in VS (marked by the highest order-number) by SU, so that in the brick "type-predicate", which comes always *after* brick "based", those 7-tuples are not members of E(VS) and, therefore, get no storage. The pointer associated with the variable is stored as first component of the corresponding 7-tuple's fifth component. The stack is set back, i.e., the 7-tuple for the pointer is removed.
VS = {[BL,1], ... , [N,Z^{2^9},T2,1, $4\,n + m + 1$, Λ, Λ], [UN,$Z^{2^{12}}$,SU,1,[Z^{2^3}, SU,$\varnothing$], Λ, Λ]}.
ST = Λ.

15. As 7.
VS = {[BL,1], ... , [N,Z^{2^9},T2,1, $4n + m + 1$, Λ, Λ], [UN,$Z^{2^{12}}$,T1,1,[Z^{2^3},SU,$\varnothing$],Λ,Λ]}.

16. As 11.
VS = {[BL,1], ... , [N,Z^{2^9},T2,1, $4n + m + 1$, Λ, Λ], [N,$Z^{2^{12}}$,T1,1, [Z^{2^3},SU,$\varnothing$], Λ, Λ]}

17. As 13, with first component Z^{2^3}.
ST = ({[N,Z^{2^3},T1,1, $n + 1$, (1), Λ], [N,Z^{2^3},T1,1, $2n + 1$, (2), Λ],
[N,Z^{2^3},T1,1, $3n + 1$, (3), Λ]}) .

18. As 4.
ST = ({[N,Z^{2^3},T1,1, $n + 1$, (1), Λ], [N,Z^{2^3},T1,1, $2n + 1$, (2), Λ],
[N,Z^{2^3},T1,1, $3n + 1$, (3), Λ]}, [2,TYPE(2)]) .

19. [EM,G,19,STS: ⟨RMSEL;⟨RPSEL;⟨RPSEL;ST;$\ominus$2;⟨RPCOMP7(ST$\ominus$2,
ST$\ominus$2, CO7(ST$\ominus$2) ∇ NUM(VAL(ME,VS.ST$\ominus$1))⟩;$\ominus$2;ST$'\ominus$2 \
$\{x \mid x \in \mathrm{ST}'\ominus 2 \wedge \neg\, \mathrm{CO7}(x) \subseteqq \mathrm{CO6}(x)\}$⟩;$\ominus$1⟩] .

This brick has the same effect as before (24). ST$'$ denotes the result of the inner operation for ST, for VAL see brick 22.
ST = ({N,Z^{2^3},T1,1, $2\,n + 1$, (2), (2)}}.

20. [EM,G,20,$\neg$ | ST$\ominus$1 | = 1 $\rightarrow$ [INSUFFICIENT SELECTION,END],
STS: ⟨RPSEL;ST;$\ominus$1;RPCOMP7(ST$\ominus$1,ST$\ominus$1, Λ)⟩]

This brick tests whether just one element of the aggregate is selected and sets the seventh component of the element = Λ.
ST = ({[N,Z^{2^3},T1,1, $2n + 1$, (2), Λ]}).

21. As 13.
$ST = (\{[N,Z^{2^s},T1,1,2n+1,(2),\Lambda]\}, \underline{\{[N,Z^{2^s},T1,1,1,\Lambda,\Lambda]\}})$.

22. [EM,G,22, $\neg \forall x \forall x \forall n(n \in INT \wedge n \leqq \perp ST \perp \wedge x = ST(n) \wedge y = IL(n) \rightarrow POSS(I,CO3(x),TYPE(y))) \vee \perp IL \perp < \perp ST \perp \rightarrow$ [INPUT NOT ALLOWED, END], MES: ⟨INSVAL;ME;VS;ST;IL⟩, ILS: ⟨RMSUBSEQ;IL;$\perp ST \perp$⟩, STS: ⟨EMP;ST⟩]
This brick is a generalization of the brick (28) of the former paper. It tests whether the variables in the stack are allowed to get the corresponding values of the input-list. The input-values are stored in the memory and removed from the input list. The stack is emptied. INSVAL puts all input-values in the storage-places in ME for the variables of VS which are also in ST:

$$\mathrm{INSVAL(ME,VS,ST,IL)} = \begin{cases} \mathrm{RPSUBSEQ(ME,ADDR(ME,VS,ST\oplus 1),} \\ \quad \mathrm{CONV(CO3(ST\oplus 1),BITREP(IL\oplus 1),TYPE(IL\oplus 1))),} \\ \qquad \text{if } \perp ST \perp = 1, \\ \mathrm{INSVAL(INSVAL(ME,VS,(ST\oplus 1),IL),VS,RMSEL(ST,} \\ \quad \mathrm{\oplus 1),RMSEL(IL,\oplus 1))} \\ \qquad \text{else.} \end{cases}$$

ADDR(ME,VS,x) is the address of a (singleton set x of a) 7-tuple:
ADDR(ME,VS,x) $=$ CO5(x), if CO5(x) $\in$ INT, i.e., if x is (the singleton set of) a 7- tuple for a non-BASED variable.

If $\neg$ CO5(x) $\in$ INT $\wedge$ $\neg$ CO5(POIVS(VS,))) $= 0$ (i.e., if x represents a BASED-variable the qualifying pointer of which does not point to 0, for POIVS see below):

$$\mathrm{ADDR(ME,VS,}x) = \begin{cases} \mathrm{CO5(POIVS(VS,}x)), \\ \qquad \text{if } \perp CO6(x) \perp = 0, \text{ i.e., if } x \text{ represents a scalar BASED-variable,} \\ \mathrm{NUM(VAL(ME,VS,\{POIVS(VS,}x)\})) + \mathrm{TYLENGTH(CO3(}x)) \cdot \\ \quad |\{y \mid y \in VS \wedge CO2(y) = CO2(x) \wedge CO6(y) < CO6(x)\}|, \\ \qquad \text{if } \forall y(y \in CO6(x) \rightarrow y \in INT), \text{ i.e., if } x \text{ is in the set of 7-tuples for a BASED-array, for VAL see below,} \\ \mathrm{NUM(VAL(ME,VS,\{POIVS(VS,}x)\})) + \sum_{i=1}^{CO2(CO5(x))-1} \mathrm{TYLENGTH} \\ \quad (CO3(\iota y(y \in VS \wedge \\ \quad CO2(y) = CO2(x) \wedge CO2(CO5(x) = i)), \\ \qquad \text{if } x \text{ represents a BASED-structure.} \end{cases}$$

POIVS is the 7-tuple for the pointer in CO1(CO5(x)) (if x represents a BASED-variable) in VS used to qualify x:
POIVS(VS,x) $= \iota y(y \in VS \wedge CO2(y) = CO1(CO5(x))$.
VAL(ME,VS,x) is the value of a (singleton set of a) 7-tuple x or a pair in the pair x; if x represents a pointer, this value is (the bit-representation of) an address:

$$\mathrm{VAL(ME,VS,}x) = \begin{cases} \mathrm{SUBSEQ(ME,ADDR(ME,VS,}x\mathrm{),TYLENGTH(CO3(}x))), \\ \qquad \text{if } x \text{ is (the singleton set of) a 7-tuple,} \\ \mathrm{CO1}(x), \quad \text{if } x \text{ is a pair [bitstring, type-predicate].} \end{cases}$$

Note that in the definition of ADDR VAL is used only for a non-BASED pointer y, i.e., then ADDR(ME,VS,y) $=$ CO5(y).

ADDR and VAL are not defined for a 7-tuple for a BASED-variable which is qualified by a pointer with value 0 (i.e., pointing nowhere).

IL = (3.1), ST = Λ, for ME see Fig. 6.

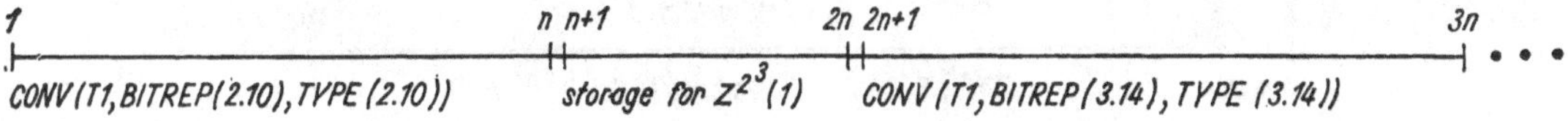

Fig. 6

23. As 1.
VS = {[BL,2], [N,Z^{2^2},T1,1,1,Λ,Λ], ... , [N,$Z^{2^{12}}$,T1,1,[Z^{2^8},SU,∅],Λ,Λ]}.

24. As 2.
VS = {[BL,2], ... , [N,$Z^{2^{12}}$,T1,1,[Z^{2^8},SU,∅],Λ,Λ], [UN,$Z^{2^{24}}$,1,2,SU,Λ,Λ]}.

25. [EM,G,25,VSS: $\langle \cup$;VS;$\{x \mid x \in \mathrm{TU7} \wedge \bigwedge_{i=1}^{6} \mathrm{CO}i(x) = \mathrm{CO}i(\mathrm{NAMT(VS)}) \wedge \mathrm{CO7}(x) = \mathrm{CO7(NAMT(VS))} \nabla \mathrm{FCAN}\}\rangle$] .

This brick is an analogon to 6. The names of the substructures and endelements are considered as generalized subscripts. The sixth component of the 7-tuple for an endelement is the sequence of the names of all substructures containing it, and its own name. In contrast to 6, for each substructure S not yet completed there is a 7-tuple in VS the sixth component of which is the sequence of the names of all substructures containing S. That tuple with the currently longest sixth component in VS is called NAMT(VS):

$$\mathrm{NAMT(VS)} = \iota y(y \in \mathrm{VS} \wedge \mathrm{CO1}(y) = \mathrm{UN} \wedge \neg\, \mathrm{CO3}(y) \in \mathrm{STYPE} \wedge \perp \mathrm{CO6}(y) \perp = \max_{\substack{z \in \mathrm{VS} \wedge \mathrm{CO1}(z) = \mathrm{UN} \\ \wedge \mathrm{CO3}(z) \in \mathrm{STYPE}}} (\perp \mathrm{CO6}(x) \perp) .$$

Here, NAMT(VS) = [UN,$Z^{2^{24}}$,1,2,SU,Λ,Λ].
VS = {[BL,2], ... , [UN,$Z^{2^{24}}$,1,2,SU,Λ,Λ], [UN,$Z^{2^{24}}$,1,2,SU,(B),Λ]}.

26. As 25. Here NAMT(VS) = [UN,$Z^{2^{24}}$,1,2,SU,(B),Λ].
VS = {[BL,2], ... , [UN,$Z^{2^{24}}$,1,2,SU,Λ,Λ], [UN,$Z^{2^{24}}$,1,2,SU,(B),Λ], [UN,$Z^{2^{24}}$,1,2,SU,(B,C),Λ]} .

27. As 7. The type-predicate and the storage-address are inserted only in the elements of NAMT(VS), i.e. in [UN,$Z^{2^{24}}$,1,2,SU,(B,C),Λ].
VS = {[BL,2], ... , [UN,$Z^{2^{24}}$,1,2,SU,(B),Λ], [UN,$Z^{2^{24}}$,T1,2,$4n + 2m + 1$, (B,C),Λ]},
for ME see Fig. 7.

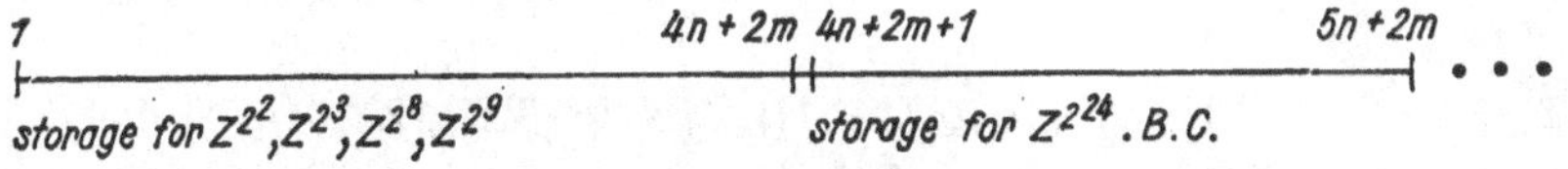

Fig. 7

28. As 25. Here NAMT(VS) = [UN,$Z^{2^{24}}$,1,2,SU,(B),Λ].
VS = {[BL,2], ..., [UN,$Z^{2^{24}}$,1,2,SU,(B),Λ], [UN,$Z^{2^{24}}$,T1,2,$4n + 2m + 1$, (B,C),Λ], [UN,$Z^{2^{24}}$,1,2,SU,(B,D),Λ]} .

29. As 7. With T3 = TYPR(BIN FIXED), q = TYLENGTH(T3)
VS = {[BL,2], ... , [UN,$Z^{2^{24}}$,T1,2,$4n + 2m + 1$,(B,C),Λ], [UN,$Z^{2^{24}}$,T3,2,$5n + 2m+1$, (B,D),Λ]},

for ME see Fig. 8.

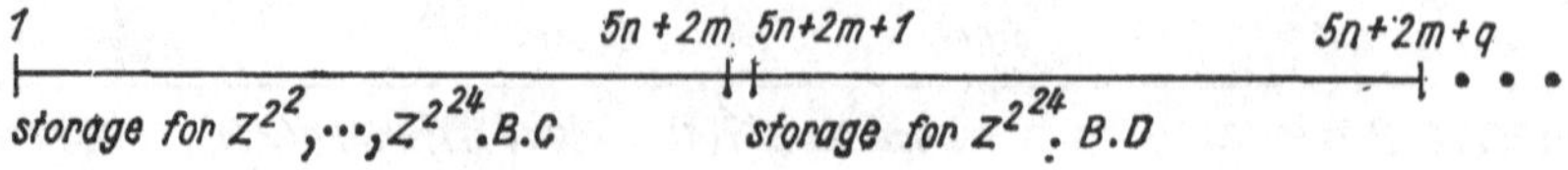

Fig. 8

30. [EM,G,30,VSS: ⟨\;VS;{NAMT(VS)}]
The brick removes the 7-tuple for the no longer used names for the finished substructure, here [UN,$Z^{2^{24}}$,1,2,SU,(B),Λ].
VS = {[BL,2], ... , [UN,$Z^{2^{24}}$,1,2,SU,Λ,Λ], [UN,$Z^{2^{24}}$,T1,2,$4n + 2m + 1$, (B,C),Λ],
[UN,$Z^{2^{24}}$,T3,2,$5n + 2m + 1$,(B,D),Λ]} .

31. As 25.
VS = {[BL,2], ... , [UN,$Z^{2^{24}}$,1,2,SU,Λ,Λ], [UN,$Z^{2^{24}}$,T1,2,$4n + 2m + 1$, (B,C),Λ],
[UN,$Z^{2^{24}}$,T3,2,$5n + 2m + 1$,(B,D),Λ], [UN,$Z^{2^{24}}$,1,2,SU,(F),Λ]} .

32. As 7.
VS = {[BL,2], ... , [UN,$Z^{2^{24}}$,T3,2,$5n + 2m + q + 1$, (F),Λ]} .
for ME see Fig. 9.

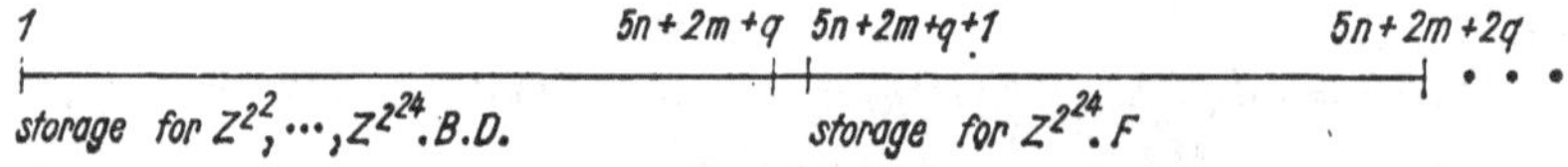

Fig. 9

33. As 30. The brick here removes [UN,$Z^{2^{24}}$,1,2,SU,Λ,Λ] from VS.
VS = {[BL,2], ... , [N,$Z^{2^{12}}$,T1,1,[Z^{2^8},SU,∅],Λ,Λ],
[UN,$Z^{2^{24}}$,T1,2,$4n + 2m + 1$, (B,C),Λ], ...} .

34. As 11.
VS = {[BL,2], ... , [N,$Z^{2^{24}}$,,,,(B,C),], [N,$Z^{2^{24}}$,,,,(B,D),], [N,$Z^{2^{24}}$,,,,(F),]} .

35. As 13.
ST = ({[N,$Z^{2^{12}}$,T1,1,[Z^{2^8},SU,∅],Λ,Λ]}) .

36. As 13.
ST = ({[N,$Z^{2^{12}}$,T1,1,[Z^{2^8},SU,∅],Λ,Λ]}, {[N,$Z^{2^{12}}$,T1,1,[Z^{2^8},SU,∅],Λ,Λ]}) .

37. As 13.
ST = ({[N,$Z^{2^{12}}$,T1,1,[Z^{2^8},SU,∅],Λ,Λ]}, {[N,$Z^{2^{12}}$,T1,1,[Z^{2^8},SU,∅],Λ,Λ]},
{[N,Z^{2^8},T2,1,$4n + m + 1$,Λ,Λ]}) .

38. [EM,G,38,STS: ⟨RMSEL;⟨RPSEL;ST;⊖2;RPSECO5(ST⊖2,
{x | x ∈ ST⊖2 ↦ [CO2(ST⊖1),CO2(CO5(x)),CO3(CO5(x))]})⟩;⊖1⟩] .
The pointer to be set is inserted in the fifth component of the 7-tuples for the BASED-variable in ST⊖2, then the 7-tuple for the pointer is removed from the stack.
ST = ({[N,$Z^{2^{12}}$,T1,1,[Z^{2^8},SU,∅],Λ,Λ]}, {[N,$Z^{2^{12}}$,T1,1,[Z^{2^8},SU,∅],Λ,Λ,]}) .

39. [EM,G,39, TESTDAAGGR(ST,VS), VSS: ⟨INSBASADDR;VS;ST⟩,
MES: ⟨RPADDR;ME;ST;VS⟩, STS: ⟨EMP;ST⟩]

TESTDAAGGR is a test whether in the stack an element contains *all* parts of a data-aggregate (it is an error to allocate or free only a part of an array or a structure), it is the formula

$$\exists x\big(x \mathrel{\underline{\in}} \mathrm{ST} \wedge \exists y(y \in \mathrm{VS} \wedge \mathrm{CO2}(y) = \mathrm{CO2}(x) \wedge \neg\, y \in x)\big) \rightarrow \text{[INCORRECT ALLOCATION OR FREEING, END]}\,.$$

The addresses at which the data-aggregates in ST start will be added to the set of addresses of allocations in CO3(CO5(x)) of all aggregate-elements x. In ME these addresses replace the former values of the pointers set for the aggregates.

$$\mathrm{INSBASADDR(VS,ST)} = \begin{cases} \mathrm{RPSECO5}\big(\mathrm{VS},\{x \mid x \in \mathrm{VS} \wedge x \in \mathrm{ST} \oplus 1 \mapsto [\mathrm{CO1(CO5}(x)), \\ \quad \mathrm{CO2(CO5}(x)),\mathrm{CO3}(x) \cup \{\mathrm{NFSTADBAS(VS)}\}]\}\big), \\ \qquad\qquad\qquad\qquad \text{if } \perp \mathrm{ST} \perp\, = 1, \\ \mathrm{INSBASADDR}\big(\mathrm{INSBASADDR(VS,(ST}\oplus 1)), \\ \mathrm{RMSEL(ST,}\oplus 1)\big) \\ \qquad\qquad\qquad\qquad \text{else.} \end{cases}$$

NFSTADBAS is the next free address in the BASED-memory, it is determined by the largest address in the set of addresses of allocations in the fifth components of elements in VS and the number STREQ(LALLEL(VS)) of storage required to accomodate all elements of the set LALLEL(VS) representing the variable or the data-aggregate which was allocated last and, therefore, all elements of which have this largest address among their set of addresses.

$$\mathrm{LALLEL(VS)} = \{x \mid x \in \mathrm{VS} \wedge \exists n\big(n \in \mathrm{INT} \wedge n \in \mathrm{CO3(CO5}(x)) \wedge \forall y\, \forall m(m \in \mathrm{INT} \wedge \\ \wedge\, y \in \mathrm{VS} \wedge m \in \mathrm{CO3(CO5}(y)) \rightarrow m \leqq n)\big)\}\,.$$

If z represents a scalar variable or a data-aggregate:

$$\mathrm{STREQ}(z) = \begin{cases} \mathrm{TYLENGTH(CO3}(z)) \cdot |z|\,, \ \text{if } |z| = 1 \vee \forall x \forall y(y \in z \wedge x \in \mathrm{CO6}(y) \rightarrow \\ \qquad\qquad\qquad\qquad \rightarrow x \in \mathrm{INT}) \\ \quad \text{i.e., if } z \text{ represents a scalar variable or an array,} \\ \quad \sum\limits_{i=1}^{\underset{x \in z}{\mathrm{MAX}}\,(\mathrm{CO2(CO5}(x)))} \mathrm{TYLENGTH}\big(\mathrm{CO3}(\iota y(y \in z \wedge \mathrm{CO2(CO5}(y)) = i))\big) \\ \qquad\qquad\qquad\qquad \text{else,} \\ \text{i.e., if } z \text{ represents a structure.} \end{cases}$$

$$\mathrm{NFBASADDR(VS)} = \begin{cases} \underset{\exists y(y \in \mathrm{LALLEL(VS)} \wedge x \in \mathrm{CO3(CO5}(y)))}{\mathrm{MAX}(x)} + \mathrm{STREQ}\big(\mathrm{LALLEL(VS)}\big), \\ \qquad\qquad\qquad \text{if } \neg|\mathrm{LALLEL(VS)}| = 0, \\ \mathrm{MAXSTADDR}/2 + 1 \qquad \text{else.} \end{cases}$$

$$\mathrm{RPADDR(ME,ST,VS)} = \begin{cases} \mathrm{RPSUBSEQ}\big(\mathrm{ME,ADDR(ME,VS,}\{\mathrm{POIVS(VS,ST}\oplus 1)\}\big)\big), \\ \quad \mathrm{BITREP}\Big(\underset{\exists y \exists z(y \in \mathrm{VS} \wedge \epsilon z \in \mathrm{ST} \oplus 1 \wedge \mathrm{CO2}(y) = \mathrm{CO2}(x) \wedge x \in \mathrm{CO3(CO5}(y)))}{\mathrm{MAX}\,(x)}\Big) \\ \qquad\qquad\qquad\qquad \text{if } \perp \mathrm{ST} \perp\, = 1, \\ \mathrm{RPADDR(RPADDR(ME,(ST}\oplus 1),\mathrm{VS}),\mathrm{RMSEL(ST,}\ominus 1),\mathrm{VS}) \\ \qquad\qquad\qquad\qquad \text{else.} \end{cases}$$

For POIVS see brick 22.

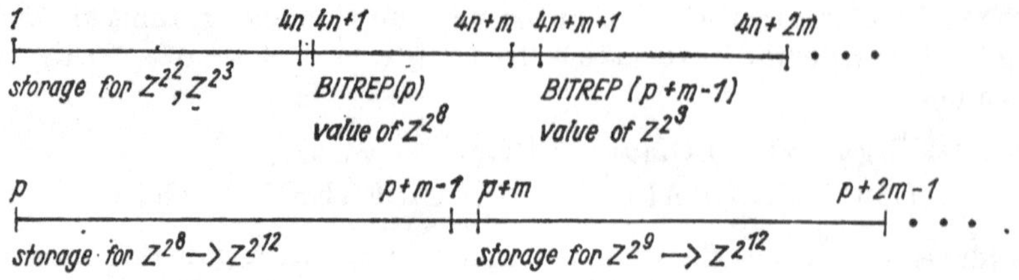

Fig. 10

VS = {[BL,2], ... , [N,$Z^{2^{12}}$,T1,1,[Z^{2^8},SU,$\{p, p+m-1\}$, Λ, Λ], ...} ,
ST = Λ, for ME see Fig. 10 (with (MAXSTADDR/2 + 1 = p).

40. As 13.

41. As 4.

ST = ({[N,$Z^{2^{12}}$,T1,1,[Z^{2^8},SU,$\{p,p+m-1\}$],Λ,Λ]}, [1.OE−1, TYPE(1.OE−1)]).

42. [EM,G,42, ¬POSS(A,CO3(ST⊖2), VAL(ME,VS,ST⊖1), TYCO(ST⊖1)→
[ASSIGNMENT IMPOSSIBLE, END],
MES: ⟨RPSUBSEQ;ME;ADDR(ME,VS,ST⊖2); CONV(CO3(ST⊖2),
VAL(ME,VS,ST⊖1), TYCO(ST⊖1))⟩,
STS: ⟨¬ ⊥ST⊥ = 2→⟨RMSEL; ⟨RPSEL;ST;⊖2;ST⊖1⟩;⊖1⟩,
⟨RMSEL;ST;⊖2⟩⟩]

FOR ADDR, VAL see brick 33, TYCO is the type-component of a stack-element:

$$\mathrm{TYCO}(x) = \begin{cases} \mathrm{CO3}(x), & \text{if } x = \{y\} \wedge y \in \mathrm{TU7}, \\ \mathrm{CO2}(x) & \text{else (i.e., if } x \text{ is a pair [bitstring, type-predicate]).} \end{cases}$$

Compared with (11) of the former paper, after a test whether the assignation is possible, the value of the right-hand side is stored in the memory at the place of the left-hand side.

ST = Λ, for ME see Fig. 11.

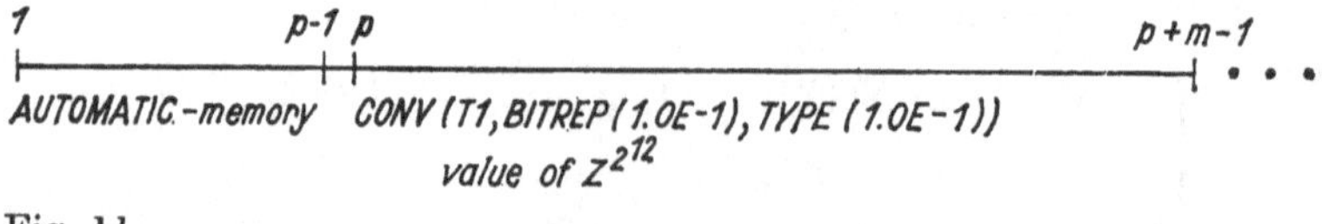

Fig. 11

43. As 13.

44. As 13.

ST = ({[,Z^{2^8},,,,,]}, {[$Z^{2^{14}}$,,,,(B,C),], [,$Z^{2^{14}}$,,,,(B,D),], [,$Z^{2^{14}}$,,,,(F),]}).

45. [EM,G,45,STS: ⟨RPSEL;ST;⊖1;RPCOMP7(ST⊖1,ST⊖1,CO7(ST⊖1) ▽
FCAN) \ {x | x ∈ ST⊖1 ∧ ¬CO7(x) ▽ FCAN ⫋ CO6(x)}⟩].

The brick selects those elements of the last stack-element which contain the selector (at the appropiate place) and joins it to the sequence of those selectors in their seventh components

ST = ({[,Z^{2^8},,,,,]}, {,$Z^{2^{14}}$,,,,(B,C),(B)], [,$Z^{2^{14}}$,,,,(B,D),(B)]}).

46. As 42.

ST = ({[,Z^{2^8},,,,,]}, {[,$Z^{2^{14}}$,,,,(B,C),(B,C)]}).

47. As 20.
ST = ({[,Z$^{2'}$,,,,,]}, {[,Z$^{2''}$,,,,(B,C),]Λ}).

48. [EM,G,48,STS: ⟨RPSEL;ST;⊖1;[BITREP($\min_{x \in ST\ominus1}$ (ADDR(ME,VS,{x}), TYPR(POINTER)]}].

The minimum is needed to give the (start-)address of a data-aggregate.
ST = ({[,Z$^{2'}$,,,,,]}, [$4n + 2m + 1$, T2]).

49. As 42. ST = Λ, for ME see Fig. 12.

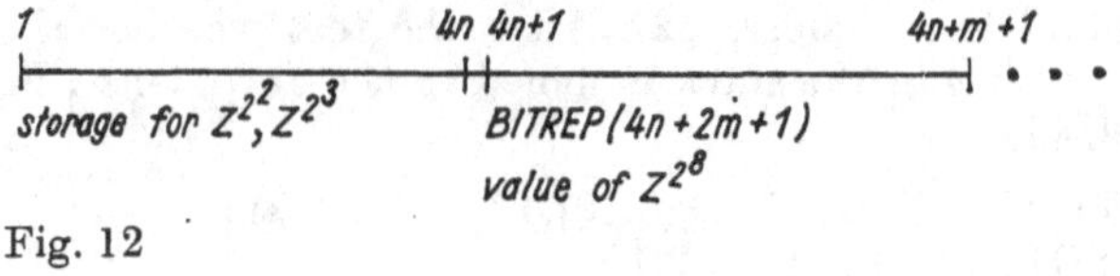

Fig. 12

50. As 13.

51. As 13.

52. As 4.
ST = ({[,Z$^{2''}$,,,,,]}, {[,Z$^{2'}$,,,,,]},[BITREP(1.0),TYPE(1.0)]).

53. [EM,G,53,STS: ⟨ ▽ ;ST;FCAN⟩]
This brick is as before (9).
ST = ({[,Z$^{2''}$,,,,,]},{[,Z$^{2'}$,,,,,]},[BITREP(1.0),TYPE(1.0)],±).

54. [EM,G,54, ¬POSS(OPER(ST⊖1),VAL(ME,VS,ST⊖3),TYCO(ST⊖3), VAL(ME,VS,ST⊖2), TYCO(ST⊖2)) → [OPERATION NOT ALLOWED, END],
STS: ⟨RMSEL; ⟨RPSEL;ST;⊖3;[OPER(ST⊖1)([VAL(ME,VS,ST⊖3), TYCO(ST⊖3)],[VAL(ME,VS,ST⊖2),TYCO(ST⊖2)]), TYOPB(ST⊖1,TYCO(ST⊖3),TYCO(ST⊖2)]⟩; ⊖2⟩].

The brick is essentially the same as before (10). The second test ensures that the operation OPER(ST⊖1) is possible for the operands, here pairs [bitstring, type-predicate]. Unary operations are treated similarly. For VAL see brick 22, for TYCO brick 42. Denote TYOPB(+,T1,TYPE(1.0)) by T4, then
ST = ({[,Z$^{2''}$,,,,,]}, [BITREP(3.10),T4]).

55. As 42. ST = Λ, for ME see Fig. 13.

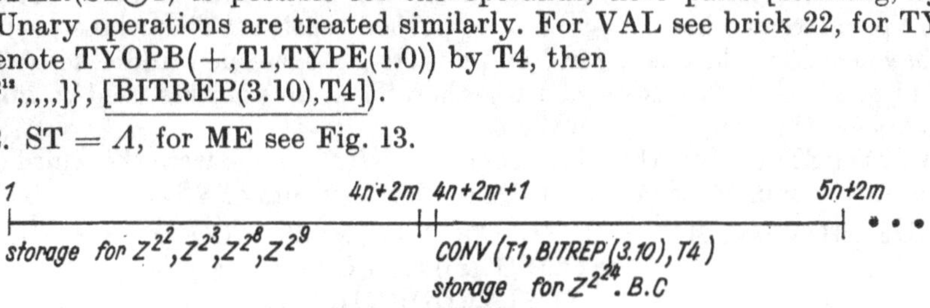

Fig. 13

56. [BE,G,56,MES: ⟨RPSESSEQ;ME;{SUBSEQ(ME,ADDR(ME,VS,{x}),ADL)| {$x \in$ VS $\wedge$ CO3(x) = TYPR(POINTER) $\wedge$ $\exists y$($y \in$ VS $\wedge$ CO4(y) = ABL $\wedge$ $\wedge$ CO5(y) $\in$ INT $\wedge$ CO5(y) = VAL(ME,VS,{x})) $\mapsto$ SEQZB(ADL)}}⟩,
VSS: ⟨RPCOMP2; ⟨\;VS; {x | $x \in$ VS $\wedge$ CO4(x) = ABL}⟩;{BLC};ABL−1⟩]

The second part of this brick is as before (40). In ME the values of all pointers pointing to AUTOMATIC-storage which is to be given up are set to zero. For ADDR, VAL see brick 22.

VS = {[BL,1], [,Z$^{2'}$,,,,,], [,Z$^{2'}$,,,,(1),], ... , [,Z$^{2'}$,,,,(3),], [,Z$^{2'}$,,,,,], [,Z$^{2'}$,,,,,]}.

57. As 13.

58. As 13.

ST = ({[N,$Z^{2^{12}}$,T1,1,[Z^{2^8},SU, $\{p, p+m-1\}$], Λ, Λ]}, [N,Z^{2^3},T1,1,1,Λ,Λ]}).

59. [EM,G,59,$\neg\forall x(x \in$ ST $\to$ POSS(O,TYCO(x),VAL(ME,VS,x)) $\to$
[OUTPUT NOT ALLOWED, END],
OLS: ⟨∇;OL;FOSEQ(ST, ($x \in$ ST $\mapsto$ REPCONST(VAL(ME,VS,x),
TYCO(x))))⟩,
STS: ⟨EMP;ST⟩].

This brick is more general than before (42). After the test whether the output is allowed the sequence of values in the stack is joined to the output-list. For VAL see brick 22, for TYCO brick 42.

OL = (3.10,2.10), if REPCONST(BITREP(3.10),T1) = 3.10 and
REPCONST(BITREP(2.10),T1) = 2.10,
ST = Λ.

60. As 13.

61. As 13. ST = ({[,$Z^{2^{12}}$,,,[Z^{2^8},,],,]}, {[,Z^{2^9},,,,,]}).

62. As 38.

ST = ([{N,$Z^{2^{12}}$,T1,1,[Z^{2^9},SU,$\{p, p+m-1\}$, Λ, Λ]}).

63. [EM,G,63,TESTDAAGGR(ST,VS), $\exists x \exists n(n \in$ INT $\wedge$ $x \in$ ST(n) $\wedge$
$\neg$NUM(VAL(ME,VS,{POIVS(VS,x)}) $\in$ CO3(CO5(x)) $\to$
[FREEING OF NONALLOCATED STORAGE, END],
VSS: ⟨DCBASADDR;⟨RMADFRST;VS;ST;ME⟩;ST;ME⟩⟩,
MES: ⟨NULLADDR;⟨SHORT;⟨NVAUTP;⟨NVBASP;ME;ST;VS⟩;
ST; VS⟩;
STS: ⟨EMP;ST⟩].

The second test of this brick ensures that the freed storage has been allocated somewhere. In VS first the addresses of the freed storage are removed from all fifth components of elements of VS, then all remaining addresses are decreased by the length of freed storage before these addresses. From ME all freed parts are to be given up, the remaining parts are to be pushed together. Then these parts in general will have smaller addresses. First all pointers get these new addresses (which can be the old ones), then ME is pushed together. Then all pointers used to qualify stack-elements get the value 0.

RMADFRST removes the addresses of the freed storage from the (third components of the) fifth components of the corresponding elements of VS:

RMADFRST(VS,ST,ME) = RPSECO5(VS,{$x \mid x \in$ VS $\wedge$ CO1(x) = N$\mapsto$[CO1(CO5(x)),
CO2(CO5(x)),CO3(CO5(x)) $\setminus$ {$y \mid y \in$ INT $\wedge$ $\exists z(z \in$ ST $\wedge$
y = STAADDR(ME,VS,z)}).

STAADDR is the start-address of a stack-element:

STAADDR(ME,VS,z) = NUM(VAL(ME,VS,{POIVS(VS,z)}).

For VAL, POIVS see brick 22.

DCBASADDR decreases the addresses in the fifth components by the amount of freed storage before the addresses:

DCBASADDR(VS,ST,ME) = RPSECO5(VS,{$x \mid x \in$ VS $\wedge$ CO1(x)= N $\mapsto$
[CO1(CO5(x)),CO2(CO5(x)),DECR(CO3(CO5(x)))]}.

DECR decreases each address y in CO3(CO5(x)) by the length LFRST of freed storage before y, if z is a set of integers:

$$\mathrm{DECR}(z) = \{u \mid \exists v(v \in \mathrm{INT} \wedge v \in z \wedge u = v\text{-}\mathrm{LFRST}(\mathrm{ST},\mathrm{VS},\mathrm{ME},v))\},$$

$$\mathrm{LFRST}(\mathrm{ST},\mathrm{VS},\mathrm{ME},v) = \sum_{i=1}^{\perp \mathrm{ST} \perp} \mathrm{STREQ}(\mathrm{ST}(i)) \cdot \mathrm{COMPADDR}(\mathrm{ST}(i),\mathrm{VS},\mathrm{ME},v).$$

COMPADDR compares the addresses of the elements of ST(i) with v:

$$\mathrm{COMPADDR}(\mathrm{ST}(i),\mathrm{VS},\mathrm{ME},v) = \begin{cases} 1, & \text{if } \mathrm{STAADDR}(\mathrm{ME},\mathrm{VS},\mathrm{ST}(i)) < v, \text{ i.e.,} \\ & \text{if the storage of } \mathrm{ST}(i) \text{ is before } v, \\ 0 & \text{else.} \end{cases}$$

For STREQ see brick 39.

NVBADP gives the new addresses as values of BASED-pointers not pointing to freed storage:

$$\begin{aligned}\mathrm{NVBASP}(\mathrm{ME},\mathrm{VS},\mathrm{ST}) = {} & \mathrm{RPSESSEQ}(\mathrm{ME},\{\mathrm{SUBSEQ}(\mathrm{ME},\mathrm{ADDR}(\mathrm{ME},\mathrm{VS},\{x\}),\mathrm{ADL}) \mid \\ & \{x \in \mathrm{VS} \wedge \mathrm{CO3}(x) = \mathrm{TYPR}(\mathrm{POINTER}) \wedge \mathrm{CO1}(\mathrm{CO5}(x)) \in \\ & \in \mathrm{NNAME} \wedge \\ & \neg\exists y \exists z(y \underline{\in} \mathrm{ST} \wedge z \in y \wedge \mathrm{NUM}(\mathrm{VAL}(\mathrm{ME},\mathrm{VS},\{x\})) \\ & = \mathrm{ADDR}(\mathrm{ME},\mathrm{VS},\{z\})) \\ & \mapsto \mathrm{BITREP}(\mathrm{ADDR}(\mathrm{ME},\mathrm{VS},\{x\}) - \mathrm{LFRST}(\mathrm{ST},\mathrm{VS},\mathrm{ADDR} \\ & (\mathrm{ME},\mathrm{VS},\{x\}))))\}\}),\end{aligned}$$

NVAUTP gives the new addresses as values to AUTOMATIC-pointers not pointing to freed storage:

$$\begin{aligned}\mathrm{NVAUTP}(\mathrm{ME},\mathrm{VS},\mathrm{ST}) = {} & \mathrm{RPSESSEQ}(\mathrm{ME},\{\mathrm{SUBSEQ}(\mathrm{ME},\mathrm{ADDR}(\mathrm{ME},\mathrm{VS},\{x\}),\mathrm{ADL}) \mid \\ & \{x \in \mathrm{VS} \wedge \mathrm{CO3}(x) = \mathrm{TYPR}(\mathrm{POINTER}) \wedge \mathrm{CO5}(x) \in \mathrm{INT} \wedge \\ & \neg\exists y \exists z(y \underline{\in} \mathrm{ST} \wedge z \in y \wedge \mathrm{NUM}(\mathrm{VAL}(\mathrm{ME},\mathrm{VS},\{x\})) \\ & = \mathrm{ADDR}(\mathrm{ME},\mathrm{VS},\{z\})) \\ & \mapsto \mathrm{BITREP}(\mathrm{ADDR}(\mathrm{ME},\mathrm{VS},\{x\}) - \mathrm{LFRST}(\mathrm{ST},\mathrm{VS},\mathrm{ME}, \\ & \mathrm{ADDR}(\mathrm{ME},\mathrm{VS},\{x\}))))\}\}).\end{aligned}$$

For ADDR see brick 22.

SHORT pushes together the still used part of the BASED-memory:

$$\mathrm{SHORT}(\mathrm{ME},\mathrm{ST},\mathrm{VS}) = \begin{cases} \mathrm{RPSUBSEQ}(\mathrm{ME},\mathrm{STAADDR}(\mathrm{ME},\mathrm{VS},\mathrm{ST}\oplus 1),\mathrm{SUBSEQ}(\mathrm{ME}, \\ \quad \mathrm{STAADDR}(\mathrm{ME},\mathrm{VS},\mathrm{ST}\oplus 1),\mathrm{STREQ}(\mathrm{ST}\oplus 1)) \nabla \\ \quad \mathrm{SEQZB}(\mathrm{STREQ}(\mathrm{ST}\oplus 1))), \quad \text{if } \perp \mathrm{ST} \perp = 1, \\ \mathrm{SHORT}(\mathrm{SHORT}(\mathrm{NE},(\mathrm{ST}\oplus 1),\mathrm{VS})\mathrm{RMSEL}(\mathrm{ST},\oplus 1),\mathrm{VS}) \\ \qquad \text{else.} \end{cases}$$

NULLADDR gives all pointers which have as values addresses of freed storage the value 0:

$$\begin{aligned}\mathrm{NULLADDR}(\mathrm{ME},\mathrm{ST},\mathrm{VS}) = {} & \mathrm{RPSESSEQ}(\mathrm{ME},\{\mathrm{SUBSEQ}(\mathrm{ME},\mathrm{ADDR}(\mathrm{ME},\mathrm{VS},\{x\}), \\ & \mathrm{ADL}) \mid \\ & \{x \in \mathrm{VS} \wedge \mathrm{CO3}(x) = \mathrm{TYPR}(\mathrm{POINTER}) \wedge \exists y(y \underline{\in} \mathrm{ST} \wedge \\ & \quad \mathrm{VAL}(\mathrm{ME},\mathrm{VS},\{\mathrm{POIVS}(\mathrm{VS},y)\}) = \mathrm{VAL}(\mathrm{ME},\mathrm{VS},\{x\}) \\ & \quad \mapsto \mathrm{SEQZB}(\mathrm{ADL})\}).\end{aligned}$$

$\mathrm{VS} = \{[\mathrm{BL},1], \ldots, [\mathrm{N},\mathrm{Z}^{2^{12}},\mathrm{T1},1,[\mathrm{Z}^{2^8},\mathrm{SU},\{\underline{p}\}],\Lambda,\Lambda], \ldots\}$,

$\mathrm{ST} = \Lambda$, for ME see Fig. 14.

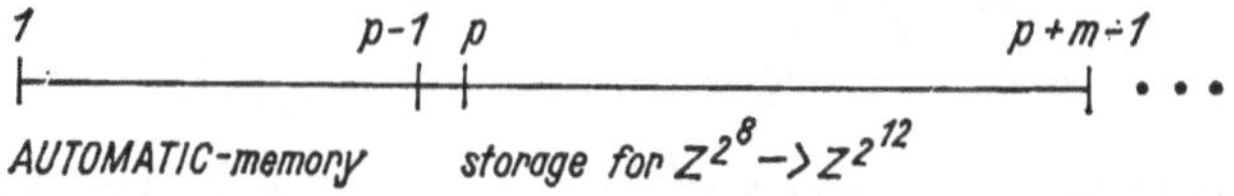

Fig. 14

64. As 56. VS = {[BL,0]}.

65. [EM,G,65,CCS: ⟨ ∇ ;CC;END⟩]

This brick is as before (44), the elaboration is terminated.

6. Conclusion

In this and the two papers published in EIK **11** (1975) 4—6 (cited at the begin) the method of semantic bricks to describe formally the semantics of ALGOL 60 and of essential features of PL/I is presented. The aim was to give an unambiguous definition of these semantics by means of a purely set-theoretical formalism. On the other hand, this formalism can be (and was) used for scientific purposes, viz. to solve some problems of equivalence of (special simple) programs for optimization. The emphasis in the papers is on the elaboration of programs, so the production of the sequence AN, i.e. the splitting of a program into a sequence of brick-schemes, is only illustrated by examples; for ALGOL 60 it is described in detail in „Eine Methode zur Formalisierung der Semantik von Programmierungssprachen", Diss. B, Humboldt-Universität, Berlin 1975. As mentioned in the former paper and in the introduction to this paper, it is an easy task to describe a model for nearly all parts of PL/I: one should take the sequences for storing the information as described here and define the control as in the paper about multitasking mentioned in the introduction. With some minor changes of the bricks, mainly some more marks, and a few new bricks, other concepts of PL/I like ON-conditions, default principles, other kinds of attributes, with a more complicated technique even the essential parts of input and output can be described without changing the essential features of the method.

The method described here is closely related to the Vienna definition language for the description of PL/I. Depart of differences in the underlying concepts for the technique (e.g. our model is based directly on set theory) and, therefore, the handling of information and the algorithms used, the main conceptual difference is that the Vienna method is an interpreting method, interpreting and elaborating successively parts of the program, which is always present, while here there is a more dynamic compilating elaboration, the program, once it is translated into the semantic bricks, is never used again.

Abstract

In author's paper "A method to formalize the semantics of programming languages" (EIK **11** (1975) 4—6, 228—239) the method of semantic bricks was presented. It was applied to describe the semantics of the language ALGOL 60. Here it is generalized to describe the main features of PL/I list-processing by using an adressable memory.

Kurzfassung

In der Arbeit des Autors über eine Methode zur Formalisierung der Semantik von Programmierungssprachen (EIK **11** (1975) 4—6, 228—239) wurde die Methode der semantischenBausteine vorgestellt. Sie wurde verwendet, um die Semantik der Sprache ALGOL 60 zu beschreiben. Diese Methode wird hier durch Verwendung eines adressierbaren Speichers verallgemeinert, um die Hauptelemente der Listenverarbeitung von PL/I darzustellen.

Резюме

В статье автора об одном методе формализации семантики языков программирования (EIK **11** (1975) 4—6, 228—239) был изложен метод семантических элементов построения (кирпичей). Он применялся к описанию семантики языка АЛГОЛ-60. Здесь, путем введения адресуемой памяти, этот метод обобщается для того, чтобы изобразить наиболее существенные черты обработки списков в языке ПЛ/I.

(Received, April 22, 1975)

Author's address:

Dr. W. Issel
Zentralinstitut für Mathematik und
Mechanik der AdW
108 Berlin
Mohrenstr. 39
German Democratic Republic

Elektronische Informationsverarbeitung und Kybernetik
EIK 12 (1976) 11/12, 589–598

Stochastische Algebra über höchstens abzählbaren Mengen[1])

Von HANS DADUNA

0. Einleitung. Obwohl algebraische Betrachtungsweisen (wie Unterstruktur, Homomorphie, Quotienten) in der allgemeinen Systemtheorie viel Raum einnehmen, spielt die klassische Algebra n-stelliger Operationen ($n > 1$) dort kaum eine Rolle.

Erstaunlich ist dies, wenn man die Bedeutung der Algebra bei der Behandlung grundlegender Probleme in der Mathematik vergegenwärtigt, zum anderen bedenkt, daß die n-stelligen Operationen in den Strukturen der Algebra ein geeignetes Konstruktionsschema für Modelle mit Interaktionen liefern.

Ein wesentlicher Grund für diese Vernachlässigung der Algebra dürfte die Tatsache sein, daß reale Situationen fast stets durch stochastische Vorgänge beeinflußt werden, diese aber von der klassischen (deterministischen) Algebra nicht erfaßt werden können.

Ein Ansatz zur Behebung dieser Schwierigkeit soll im folgenden gegeben werden: Mit Blickrichtung auf die Formulierung eines „Zweiten Isomorphiesatzes" und eines Zerlegungstheorems werden Definitionen und Sätze einer stochastischen Algebra über höchstens abzählbaren Mengen entwickelt.

(Auf Grund dieses exemplarischen Vorgehens werden allerdings wesentliche Konstruktionen, wie Polynombildung, Substrukturen, u. ä., fast völlig unterschlagen, obwohl auch dort Entwicklungen möglich sind. Aus demselben Grunde und um Meßbarkeitsprobleme zu vermeiden, unterbleibt auch die Einführung kontinuierlicher Mengen, die im Prinzip ohne große Schwierigkeiten möglich ist.)

Um ein mögliches Mißverständnis von vornherein auszuschließen: Es wird in diesem Artikel keine Wahrscheinlichkeitstheorie auf algebraischen Strukturen betrieben (wie z.B. in GRENANDER [1] Grenzwertsätze auf topologischen Algebren als Verallgemeinerung der reellen Zahlen), sondern es werden algebraische Strukturen auf Mengen von Wahrscheinlichkeitsmaßen untersucht, wobei die Urbilder der Wahrscheinlichkeitsmaße allein durch σ-Algebren strukturierte Mengen sind.

Die Anregung zu dieser Arbeit erhielt ich von Herrn Prof. Dr. J. TIMM, Bremen, dem ich dafür und für die Betreuung an dieser Stelle danken möchte.

1. Definition. Sei A eine nichtleere, höchstens abzählbare Menge, $\mathfrak{P}_A$ die Klasse aller Wahrscheinlichkeitsverteilungen über A und $\mathcal{A}$ eine Teilmenge von $\mathfrak{P}_A$, welche die Einpunktmaße über A enthält.

Eine *n-stellige stochastische Operation* ($n \in \{0, 1, 2, \ldots\}$) *auf* $\mathcal{A}$ ist eine Abbildung $\mu : \mathcal{A}^n \to \mathcal{A}$ mit

i) $(a_0, \ldots, a_{n-1}) \to \mu(a_0, \ldots, a_{n-1}) =: P_{\mu, a_0, \ldots, a_{n-1}} \in \mathcal{A}$ für $a_i \in A$, $i = 0, \ldots, n-1$.[2])

(Die Anwendung von μ auf $(a_0, \ldots, a_{n-1}) \in A^n$ ergibt also i. allg. kein einzelnes

[1]) Teilweise aus der Diplomarbeit „Algebraisch-stochastische Systeme über endlichen Mengen" am Fachbereich Mathematik der Universität Hamburg.

[2]) Die Elemente aus A werden mit den entsprechenden Einpunktverteilungen über A identifiziert: $a \in A$ und $\delta_a \colon A \to [0, 1]$, $a \to 1$ sind gleichwertige Schreibweisen.

Element aus A, sondern ein Wahrscheinlichkeitsmaß, das angibt, mit welcher Wahrscheinlichkeit Elemente aus A auftreten.)

ii) $(P_0, \dots, P_{n-1}) \to P \in \mathcal{A}$ für $P_i \in \mathcal{A}, i = 0, \dots, n-1$, mit

$$P(y) = \sum_{(a_0,\dots,a_{n-1})\in A^n} \prod_{i=0}^{n-1} P_i(a_i) \cdot P_{\mu,a_0,\dots,a_{n-1}}(y)$$

für alle $y \in A$.

Bemerkungen. a) $y \to P(y)$ ist ein Zähldichte auf A, die nur von den P_i, $i = 0, \dots, n-1$, und den Werten von μ auf den Produkten von Einpunktverteilungen abhängt.

b) Eine stochastische Operation ist darstellbar unter Verwendung des Kroneckerproduktes von Vektoren und der Matrizenmultiplikation.

2. Definition. Sei $A \neq \emptyset$ eine höchstens abzählbare Menge, $A \subset \mathcal{A} \subset \mathfrak{P}_A$ und F eine Menge endlichstelliger stochastischer Operationen auf $\mathcal{A}$. Dann heißt $\mathfrak{A} := (A, \mathcal{A}; F)$ eine *(diskrete) stochastische Algebra*. Der *Typ* τ *von* $\mathfrak{A}$ ist die Folge der Stellenzahlen der stochastischen Operationen aus $F, \tau = (\tau_0, \dots, \tau_j, \dots)$, wobei für $i \leq k$ gilt $\tau_i \leq \tau_k$. (Eine derartige Ordnung kann für eine stochastische Algebra stets als fest gegeben angenommen werden.)

Für $P \in \mathcal{A}$ wird auch $P \in \mathfrak{A}$ geschrieben.

Beispiele für (diskrete) stochastische Algebren sind

- stochastische Automaten ohne Ausgabe mit höchstens abzählbarer Zustands- und beliebiger Eingabemenge (Paz [2]),
- die Menge der Randverteilungen eines homogenen diskreten Markovprozesses vereinigt mit der Menge der Randverteilungen derjenigen Prozesse, die entstehen, wenn die Startverteilung des Ausgangsprozesses durch Elemente der Zustandsmenge ersetzt werden; einzige stochastische Operation ist die durch das Übergangswahrscheinlichkeitsmaß der Prozesse bestimmte,
- endliche stochastische Systeme (Kai Hwang [3], Nielsen [4]),
- universelle Algebren über höchstens abzählbaren Mengen (Grätzer [5]),
- die Klasse der Wahrscheinlichkeitsmaße auf $\{0, 1\}$ mit stochastischen Wahrheitsfunktionen als stochastischen Operationen (Zech [6]).

3. Definition. Sei $\mathfrak{A} = (A, \mathcal{A}; F)$ eine stochastische Algebra und gelte für $\mathcal{A}' \subset \mathcal{A}$ mit $A \subset \mathcal{A}'$:

ist $\mathcal{A}_0 := \mathcal{A}'$,

$$\mathcal{A}_{i+1} := \mathcal{A}_i \cup \{P \in \mathfrak{P}_A\colon \text{es gibt } \lambda \in F, n\text{-stellig}, P_k \in \mathcal{A}_i, k = 0, \dots, n-1, \text{ so daß gilt: } P = \lambda(P_0, \dots, P_{n-1})\},$$

so ist $\mathcal{A} = \bigcup_{i\in \mathbb{N}} \mathcal{A}_i$[1];

dann heißt $\mathfrak{A}$ *von* $\mathcal{A}'$ *erzeugt* und es wird geschrieben:

$$\mathfrak{A} = \left(A, \bigcup_{i\in\mathbb{N}} \mathcal{A}_i; F\right) = (A, \langle\mathcal{A}'\rangle; F) .$$

$\mathcal{A}'$ heißt dann *Erzeugendenmenge* von $\mathfrak{A}$, $\mathcal{A}' - A$ die *Menge der Erweiterungselemente von* $\mathfrak{A}$.

Da in anschließenden Untersuchungen stochastische Algebren gleichen Typs miteinander verglichen werden, ist die folgende Vereinbarung nützlich:

Seien $\mathfrak{A} = (A, \mathcal{A}; F)$ und $\mathfrak{B} = (B, \mathcal{B}; F')$ stochastische Algebren vom gleichen Typ $\tau = (\tau_0, \dots, \tau_j, \dots)$. Dann existiert zu jedem τ_j eine τ_j-stellige stochastische Operation

[1]) $\mathbb{N} = \{0, 1, 2, 3, \dots\}$.

sowohl in F, als auch in F', welche *einander entsprechend* genannt und mit gleichen Buchstaben (eventuell indiziert) bezeichnet werden. F und F' werden identifiziert.

4. Definition. Seien $\mathfrak{A} = (A, \mathcal{A}; F)$ und $\mathfrak{B} = (B, \mathcal{B}; F)$ stochastische Algebren vom gleichen Typ. $\mathfrak{B}$ heißt *Subalgebra* von $\mathfrak{A}$, wenn gilt:

i) $B \subset A$,

ii) für alle $Q \in \mathcal{B}$ gibt es ein $P \in \mathcal{A}$ mit $Q(.) = P(./B)$,

iii) die stochastischen Operationen von $\mathfrak{B}$ sind die Restriktionen der entsprechenden stochastischen Operationen von $\mathfrak{A}$ auf $\mathcal{B}$, (wobei $P(./B)$ und $P(.)$ für auf B konzentriertes P miteinander identifiziert werden).

Beispiele für Subalgebren sind

— Unterautomaten stochastischer Automaten ohne Ausgabe,
— die von abgeschlossenen Mengen der Zustandsräume homogener Markovprozesse erzeugte stochastische Algebra,
— Subalgebren in der universellen Algebra.

5. Definition. Seien $\mathfrak{A} = (A, \mathcal{A}; F)$ und $\mathfrak{B} = (B, \mathcal{B}; F)$ stochastische Algebren vom gleichen Typ. Ein *stochastischer Homomorphismus von* $\mathfrak{A}$ *nach* $\mathfrak{B}$ ist eine Abbildung $f: \mathcal{A} \to \mathcal{B}$, die jedem $P \in \mathcal{A}$ genau ein $Pf \in \mathcal{B}$ zuordnet und die folgenden Bedingungen erfüllt:

i) $Af \subset B$, d. h. durch die Restriktion von f auf A wird eine Mengenabbildung von A nach B definiert: $\bar{f} := f|_A$,

ii) (algebraische Verträglichkeit) für alle $\lambda = F$, n-stellig und $P_i \in \mathcal{A}$, $i = 0, \dots,$ $n - 1$, gilt $\lambda(P_0, \dots, P_{n-1})\, f = \lambda(P_0 f, \dots, P_{n-1} f)$,

iii) (stochastische Verträglichkeit) für $P \in \mathcal{A}$ ist Pf das Bildmaß von P unter der Zufallsvariablen $\bar{f}$, d. h.: für alle $y \in B$ gilt $Pf(y) = P(y\bar{f}^{-1})$.

Der so definierte stochastische Homomorphismus wird mit $f: \mathfrak{A} \to \mathfrak{B}$ bezeichnet.

Der anschließende „*Fortsetzungssatz*" erleichtert die Überprüfung der Homomorphieeigenschaften in vielen Fällen wesentlich.

6. Lemma. *Seien* $\mathfrak{A} = (A, \langle \mathcal{A}' \rangle; F)$ *und* $\mathfrak{B} = (B, \mathcal{B}; F)$ *stochastische Algebren vom gleichen Typ. Sei*

$$\mathsf{A}' := \mathcal{A}' \cup \{P \in \mathfrak{P}_A\colon \text{es gibt } \lambda \in F, n\text{-stellig}, a_i \in A, i = 0, \dots, n-1, \text{ so daß gilt: } \lambda(a_0, \dots, a_{n-1}) = P\}\ .$$

Gelten für die Abbildung $f'\colon \mathsf{A}' \to \mathcal{B}$ *die Bedingungen*

i) $Af' \subset B$,

ii) *für alle* $\lambda \in F$, n-*stellig*, $a_i \in A$, $i = 0, \dots, n-1$ *ist*
$$\lambda(a_0, \dots, a_{n-1})\, f' = \lambda(a_0 f', \dots, a_{n-1} f')\ ,$$

iii) *für alle* $P \in \mathsf{A}'$ *ist* Pf' *das Bildmaß von* P *unter der Zufallsvariablen* $f'|_A$,

dann existiert genau ein stochastischer Homomorphismus

$$f\colon \mathfrak{A} \to \mathfrak{B} \quad mit \quad f|_{\mathsf{A}'} = f'\ .$$

Beweis. Der Beweis verwendet im wesentlichen ein diskretes Analogon zum Satz über die Integration bezüglich eines Bildmaßes und wird mit vollständiger Induktion über die Mengen $\mathcal{A}_i \subset \bigcup_{i \in \mathbb{N}} \mathcal{A}_i = \mathcal{A}$ geführt.

Bemerkungen. a) Auf übliche Weise kann das „*homomorphe Bild*" *einer stochastischen Algebra* definiert werden; dieses ist eine Subalgebra des Zieles.

b) Die Klasse aller (diskreten) stochastischen Algebren eines festen Typs τ bildet zusammen mit der Klasse aller stochastischen Homomorphismen zwischen diesen Objekten die Kategorie S-ALG(τ).

Mit dem Vergißfunktor

$$\begin{aligned} \mathsf{V}\colon \text{S-ALG}(\tau) &\to \text{SET} \\ (A, \mathcal{A}; F) &\to A \\ f &\to \bar{f} \end{aligned}$$

ist das Paar $(\text{S-ALG}(\tau), \mathsf{V})$ eine *konkrete Kategorie.*

c) Isomorphismen in S-ALG(τ) sind diejenigen stochastischen Homomorphismen, für die $f\colon \mathcal{A} \to \mathcal{B}$ bijektiv ist.

7. Definition. Sei $\mathfrak{A} = (A, \mathcal{A}; F)$ eine stochastische Algebra.

a) Eine *Relation* auf $\mathfrak{A}$ ist eine Teilmenge von $\mathcal{A}^2$.

b) Eine Äquivalenzrelation Θ auf $\mathfrak{A}$ heißt *stochastische Kongruenz auf* $\mathfrak{A}$, wenn gilt:

i) für alle $\lambda \in F$, n-stellig, gilt:

$$P_i \Theta P_i' \text{ für } P_i, P_i' \in \mathcal{A}, \quad i = 0, \dots, n-1$$
$$\Rightarrow \lambda(P_0, \dots, P_{n-1}) \Theta \lambda(P_0', \dots, P_{n-1}'),$$

ii) mit $\bar{\Theta} := \Theta \cap A^2$ gilt:

$$P \Theta P' \Leftrightarrow P([a]\bar{\Theta}) = P'([a]\bar{\Theta}) \text{ für alle } a \in A.$$ [1])

Beispiele für stochastische Kongruenzen sind

— bei diskreten homogenen Markovprozessen diejenigen Äquivalenzrelationen auf der durch den Prozeß bestimmten stochastischen Algebra, welche durch Partitionen bestimmt sind, die einen zusammengefaßten Prozeß erzeugen (lumped chain, im endlichen Fall siehe KEMENY, SNELL [7]),

— die Partitionen der Zustandsmengen endlicher stochastischer Systeme, die die Substitutionseigenschaft besitzen (NIELSEN [4]).

Die R-Äquivalenz auf RABIN-Automaten (STARKE [8]) ist i. allg. keine stochastische Kongruenz auf dem unterliegenden stochastischen Automaten, obwohl sie die Bedingung i) aus Definition 7, b) erfüllt.

Bemerkungen. a) Der Vergißfunktor

$$\begin{aligned} \mathsf{U}\colon \text{S-ALG}(\tau) &\to \text{ALG}(\tau)\,^{2)} \\ \mathfrak{A} = (A, \mathcal{A}; F) &\to (\mathcal{A}; F) \\ f\colon \mathfrak{A} \to \mathfrak{B} &\to f\colon \mathcal{A} \to \mathcal{B} \end{aligned}$$

ist treu; er vergißt gerade die stochastischen Eigenschaften unserer Strukturen, so daß sich als Bild eines stochastischen Homomorphismus ein algebraischer Homomorphismus ergibt und durch eine stochastische Kongruenz auf $\mathfrak{A}$ eine algebraische Kongruenz auf $\mathsf{U}(\mathfrak{A})$ definiert wird.

b) Ist $\mathfrak{A} = (A, \mathcal{A}; F)$ eine stochastische Algebra und $\bar{\Theta}$ eine Äquivalenzrelation auf A, so ist auf $\mathfrak{A}$ eine Äquivalenz $\Theta^0 \subset \mathcal{A}^2$ definiert durch:

$$\text{für } P, P' \in \mathcal{A} \text{ gilt: } P\Theta^0 P' \Leftrightarrow P([a]\bar{\Theta}) = P'([a]\bar{\Theta}) \text{ für alle } a \in A.$$

---

1) $[a]\,\bar{\Theta}$ ist die $a \in A$ enthaltende Äquivalenzklasse mod $\bar{\Theta}$.

2) ALG(τ) ist die Kategorie der universellen Algebren vom Typ τ mit den (algebraischen) Homomorphismen als Pfeilen.

c) Aus der Definition der stochastischen Kongruenz folgt sofort:

Genau dann existiert zu vorgegebener Äquivalenzrelation $\overline{\Theta}$ auf A eine stochastische Kongruenz Θ auf $\mathfrak{A} = (A, \mathcal{A}; F)$ mit $\Theta \cap A^2 = \overline{\Theta}$, wenn es eine (algebraische) Kongruenz Φ auf $\mathsf{U}(\mathfrak{A})$ gibt mit $\Phi \cap A^2 = \overline{\Theta}$ und $\Phi \leqq \Theta^0$ im Äquivalenzenverband von $\mathsf{U}(\mathfrak{A})$. Dann ist Θ eindeutig bestimmt und es gilt $\Theta = \Theta^0$.

Die Beweise der vier folgenden Behauptungen lassen sich jeweils durch direktes Nachrechnen führen:

8. Lemma. *Sei $f: \mathfrak{A} \to \mathfrak{B}$ ein stochastischer Homomorphismus. Dann ist durch*

$$P\Theta_f P' \Leftrightarrow Pf = P'f \quad \text{für} \quad P, P' \in \mathfrak{A}$$

eine stochastische Kongruenz Θ_f auf $\mathfrak{A}$ gegeben.

9. Lemma. *Ist Θ eine stochastische Kongruenz auf $\mathfrak{A} = (A, \mathcal{A}; F)$, so ist durch die folgenden Daten die Quotientenalgebra $\mathfrak{A}/\Theta = (A/\overline{\Theta}, \mathcal{A}/\Theta; F)$ vom gleichen Typ wie $\mathfrak{A}$ definiert:*

i) $\overline{\Theta} = \Theta \cap A^2$,

ii) *ist $P \in \mathcal{A}$, so ist das durch*

$$P/\Theta([a]\overline{\Theta}) := P([a]\overline{\Theta}) = \sum_{\substack{b \in A \\ b\overline{\Theta}a}} P(b)$$

definierte Wahrscheinlichkeitsmaß P/Θ in $\mathcal{A}/\Theta$ enthalten,

iii) *für $\lambda \in F$, n-stellig, gilt auf $\mathcal{A}/\Theta$:*

$$\lambda(P_0/\Theta, \ldots, P_{n-1}/\Theta) := \lambda(P_0, \ldots, P_{n-1})/\Theta\,, \qquad P_i \in \mathcal{A}, i = 0, \ldots, n-1\,.$$

10. Lemma. *Ist Θ eine stochastische Kongruenz auf $\mathfrak{A}$, so existiert ein (natürlicher) stochastischer Homomorphismus*

$$nat\Theta: \mathfrak{A} \to \mathfrak{A}/\Theta$$
$$P \to P/\Theta\,.$$

11. Homomorphiesatz. *Zu jedem stochastischen Homomorphismus $f: \mathfrak{A} \to \mathfrak{B}$ von $\mathfrak{A} = (A, \mathcal{A}; F)$ nach $\mathfrak{B} = (B, \mathcal{B}; F)$ existiert ein eindeutig bestimmter stochastischer Homomorphismus $inc: \mathfrak{A}/\Theta_f \to \mathfrak{B}$, derart, daß $inc: \mathcal{A}/\Theta_f \to \mathcal{B}$ injektiv ist und die folgende Gleichung gilt: $f = nat\Theta_f\, inc$.*

Der Homomorphiesatz zeigt, daß — wie in der Algebra — Homomorphie- und Quotientenkonzept äquivalent sind, derart, daß für eine stochastische Kongruenz Θ gilt: $\Theta_{nat\Theta} = \Theta$, und für einen surjektiven stochastischen Homomorphismus f gilt: $nat\Theta_f\, inc = f$, wobei *inc* ein Isomorphismus ist.

Bemerkungen. a) Eine entsprechende Aussage für Rabin-Automaten beweist Starke in [8], indem er zeigt, daß ein Rabin-Automat genau dann auf einen seiner R-Reduzierten Z-homomorph abbildbar ist, wenn die von der R-Äquivalenz auf dem unterliegenden stochastischen Automaten definierte Äquivalenzrelation eine stochastische Kongruenz ist.

b) Ganz analog zu den obigen Sätzen läßt sich auch der *1. Isomorphiesatz* der Algebra samt vorbereitenden Definitionen und Lemmata formulieren und direkt beweisen.

Um den *2. Isomorphiesatz* der Algebra zu übertragen, wird $con(\mathfrak{A})$, *die Menge der stochastischen Kongruenzen auf* $\mathfrak{A}$, durch:

$$\text{sind } \Theta, \Phi \in con(\mathfrak{A}), \text{ so gilt } \Theta \leqq \Phi \Leftrightarrow (P\Theta P' \Rightarrow P\Phi P' \text{ für alle } P, P' \in \mathfrak{A})\,,$$

partiell geordnet.

12. Satz. *Die partiell geordnete Struktur* $(con(\mathfrak{A}), \leqq)$ *ist ein vollständiger Verband.*

Beweis. Seien $\Theta_i, i \in I$, stochastische Kongruenzen auf $\mathfrak{A}$. Sei Θ' das Supremum derjenigen Kongruenzen von $\mathsf{U}(\mathfrak{A})$, die durch die $\Theta_i, i \in I$, definiert werden; sei $\overline{\Theta} = \Theta' \cap A^2$.

Nach der Bemerkung c) im Anschluß an Definition 7 zeige ich $\Theta' \leqq \Theta_0$ und beweise, daß dies so definierte Θ^0 gerade das gesuchte Supremum in $(con(\mathfrak{A}), \leqq)$ ist.

Seien $P, P' \in \mathfrak{A}$ mit $P\Theta'P'$; dann existiert (siehe [5], S. 50) eine Folge $P = P_0$, $P_1, \dots, P_{n-1}, P_n = P'$, $P_i \in \mathfrak{A}$, $i = 0, \dots, n$, und zu jedem $j \in \{0, \dots, n-1\}$ ein $\Theta_j \in \{\Theta_i : i \in I\}$, derart, daß gilt:

$$P_j\Theta_jP_{j+1} \quad \text{für alle } j = 0, \dots, n-1\,.$$

Aus $A^2 \cap \Theta_j \leqq \overline{\Theta}$, $j \in \{0, \dots, n-1\}$, folgt mit der Eigenschaft 7b) ii), die Θ_j erfüllt, daß für alle $a \in A$ gilt:

$$P_j([a]\overline{\Theta}) = P_{j+1}([a]\overline{\Theta})\,.$$

Das heißt aber gerade $P_j\Theta^0P_{j+1}$. Da Θ^0 eine Äquivalenz ist, ergibt sich damit $P\Theta^0P'$. Daß $\Theta_i \leqq \Theta^0$ ist in der partiellen Ordnung $(con(\mathfrak{A}), \leqq)$, ist trivial; sei also $\Phi \in con(\mathfrak{A})$ mit $\Theta_i \leqq \Phi \leqq \Theta^0$, $i \in I$, und $\Phi \neq \Theta^0$. Aus der Eindeutigkeit von Θ^0 unter vorgegebenem $\overline{\Theta}$ folgt $\Phi \cap A^2 \neq \overline{\Theta}$, was einen Widerspruch zur Definition von Θ' und $\overline{\Theta}$ ergibt.

Wegen $\omega \in con(\mathfrak{A})$[1]) folgt aus der Existenz des Supremums die des Infimums — und damit die Behauptung.

Stochastische Kongruenzen sind durch Morphismenklassen der Kategorie S-ALG(τ) charakterisierbar; deshalb lassen sich mit Hilfe des folgenden Lemmas die daran anschließenden Behauptungen 14 bis 17, sowie die anschließende Bemerkung analog zu den entsprechenden Aussagen der universellen Algebra beweisen.

13. Lemma. *Seien* $\Theta, \Phi \in con(\mathfrak{A})$; *dann gilt* $\Theta \leqq \Phi$ *genau dann, wenn es einen stochastischen Homomorphismus* $h: \mathfrak{A}/\Theta \to \mathfrak{A}/\Phi$ *gibt mit* $(\mathcal{A}/\Theta)\,h = \mathcal{A}/\Phi$.

Beweis. Wegen $A^2 \cap \Theta \leqq A^2 \cap \Phi$ ist die Zuordnung $P/\Theta \to P/\Phi$ für alle $P \in \mathfrak{A}$ ein stochastischer Homomorphismus mit den gewünschten Eigenschaften; die Umkehrung ist trivial.

14. Lemma. *Seien* $\Theta, \Phi \in con(\mathfrak{A}), \Theta \leqq \Phi$. *Dann ist die Relation* Φ/Θ *auf* $\mathfrak{A}/\Theta$, *definiert durch*:

$$P, P' \in \mathfrak{A}, \text{ dann gilt: } P/\Theta\ \Phi/\Theta\ P'/\Theta \Leftrightarrow P\Phi P'\,,$$

eine stochastische Kongruenz auf $\mathfrak{A}/\Theta$.

15. Lemma. *Seien* Θ *auf* $\mathfrak{A}$ *und* Φ *auf* $\mathfrak{A}/\Theta$ *stochastische Kongruenzen. Dann ist die auf* $\mathfrak{A}$ *definierte Relation* $\hat{\Phi}$:

$$P, P' \in \mathfrak{A}, \text{ dann gilt: } P\hat{\Phi}P' \Leftrightarrow P/\Theta\ \Phi\ P'/\Theta$$

eine stochastische Kongruenz, und es gilt: $\Theta \leqq \hat{\Phi}$.

16. Lemma. *Mit den obigen Bezeichnungen gilt*:

a) *Sind* Θ, Φ *stochastische Kongruenzen auf* $\mathfrak{A}$ *und ist* $\Theta \leqq \Phi$, *so gilt*: $\widehat{(\Phi/\Theta)} = \Phi$.

b) *Ist* Φ *eine stochastische Kongruenz auf* $\mathfrak{A}/\Theta$, *so gilt*: $\hat{\Phi}/\Theta = \Phi$.

17. Zweiter Isomorphiesatz. *Seien* Θ, Φ *stochastische Kongruenzen auf* $\mathfrak{A}$ *und gelte* $\Theta \leqq \Phi$. *Dann ist ein Isomorphismus von* $\mathfrak{A}/\Phi$ *nach* $(\mathfrak{A}/\Theta)/(\Phi/\Theta)$ *gegeben durch die Zuordnung*:

$$P/\Phi \to (P/\Theta)/(\Phi/\Theta) \quad \textit{für alle } P \in \mathfrak{A}\,.$$

---

[1]) ω ist die Gleichheitskongruenz, ι die Einheitskongruenz.

Bemerkung. Als wesentlich für einen späteren Beweis ergibt sich die Aussage, daß unter den Voraussetzungen des letzten Satzes die *Zuordnung*

$$\Phi \to \Phi/\Theta$$

einen Isomorphismus zwischen dem dualen Ideal $([\Theta), \leqq)$[1]) *von* $(con(\mathfrak{A}), \leqq)$ *und* $(con(\mathfrak{A}/\Theta), \leqq)$ *definiert, dessen Umkehrung* $\Phi \to \hat{\Phi}$, *für* $\Phi \in con(\mathfrak{A}/\Theta)$, *ist.*

18. Definition. Seien $\mathfrak{A} = (A, \mathcal{A}; F)$ und $\mathfrak{B} = (B, \mathcal{B}; F)$ stochastische Algebren vom Typ $\tau = (\tau_0, \dots, \tau_j, \dots)$.

a) Für $P \in \mathcal{A}$ und $Q \in \mathcal{B}$ sei durch $(P \otimes Q)(a, b) = P(a) \cdot Q(b)$ für alle $a \in A, b \in B$ das Wahrscheinlichkeitsmaß $P \otimes Q$ auf $A \times B$ definiert.

b) Seien $\mu^{\mathfrak{A}}$ bzw. $\mu^{\mathfrak{B}}$ die zu τ_j gehörigen stochastischen Operationen aus $\mathfrak{A}$ bzw. $\mathfrak{B}$. Für Elemente aus $(A \times B)^n$ sei die stochastische Operation $\mu^{\mathfrak{A}\otimes\mathfrak{B}}$ auf $\{P \otimes Q: P \in \mathcal{A}, Q \in \mathcal{B}\}$ definiert durch:

$$\mu^{\mathfrak{A}\otimes\mathfrak{B}}\big((a_0, b_0), \dots, (a_{n-1}, b_{n-1})\big) = \mu^{\mathfrak{A}}(a_0, \dots, a_{n-1}) \otimes \mu^{\mathfrak{B}}(b_0, \dots, b_{n-1}).$$

(Daß dadurch eine stochastische Operation festgelegt ist, folgt aus der Bemerkung a) nach Definition 1.)

c) Die stochastische Algebra vom Typ τ (mit den unter b) definierten stochastischen Operationen)

$$\mathfrak{A} \otimes \mathfrak{B} = (A \times B, \{P \otimes Q: P \in \mathcal{A}, Q \in \mathcal{B}\}; F)$$

heißt das *Tensorprodukt von* $\mathfrak{A}$ *und* $\mathfrak{B}$. Für $\{P \otimes Q: P \in \mathcal{A}, Q \in \mathcal{B}\}$ wird meist $\mathcal{A} \times \mathcal{B}$ geschrieben.

19. Lemma. *Mit den Bezeichnungen der vorigen Definition gilt: für* $P_i \in \mathcal{A}, Q_i \in \mathcal{B}$, $i = 0, \dots, n-1$, *ist*

$$\mu^{\mathfrak{A}\otimes\mathfrak{B}}(P_0 \otimes Q_0, \dots, P_{n-1} \otimes Q_{n-1}) = \mu^{\mathfrak{A}}(P_0, \dots, P_{n-1}) \otimes \mu^{\mathfrak{B}}(Q_0, \dots, Q_{n-1}).$$

Bemerkungen. a) Sieht man eine n-stellige stochastische Operation als *stochastischen Automaten mit n Eingängen und einem Ausgang* an (für den deterministischen Fall der universellen Algebra siehe Wille [9]), so ist das Tensorprodukt die *Parallelschaltung* zweier derartiger Automaten. (Für die üblichen stochastischen Automaten ohne Ausgabe bzw. stochastischen Systeme ergibt sich die bekannte Konstruktion des „direkten" Produkts.)

b) Mit einer geeigneten Definition eines „*Tensorproduktes von Morphismen*" erhält man $(\text{S-ALG}(\tau), \otimes)$ als *symmetrische monoidale Kategorie*; die Komposition in solchen Kategorien wird i. allg. als Tensorprodukt bezeichnet, so daß sich die obige Definition als gerechtfertigt erweist.

c) Lemma 19 besagt, daß Tensorprodukt und stochastische Operationen vertauschbar sind, und ist damit ein Analogon zu der entsprechenden Eigenschaft, die vor allem aus algebraischen Kategorien bekannt ist.

20. Lemma. *Die Tensorprojektionen*

$$pr_i: \mathfrak{A}_1 \otimes \mathfrak{A}_2 \to \mathfrak{A}_i \quad i = 1, 2, \; P_i \in \mathfrak{A}_i,$$

$$P_1 \otimes P_2 \to P_i$$

sind stochastische Homomorphismen.

---

1) $[\Theta) = \{\Phi \in con(\mathfrak{A}): \Phi \geqq \Theta\}$.

Durch Untersuchung der von den Tensorprojektionen erzeugten stochastischen Kongruenzen auf dem Tensorprodukt erhält man notwendige (und, wie sich zeigt, auch hinreichende) Bedingungen dafür, daß eine stochastische Algebra sich zerlegen läßt in ein Tensorprodukt zweier ihrer Quotienten.

21. Satz. *Sei $\mathfrak{A}$ eine stochastische Algebra, Θ_1 und Θ_2 seien stochastische Kongruenzen auf $\mathfrak{A}$. Genau dann ist $\mathfrak{A}$ isomorph zum Tensorprodukt $\mathfrak{A}/\Theta_1 \otimes \mathfrak{A}/\Theta_2$, wenn gilt:*

i) *mit* $\overline{\Theta}_i = \Theta_i \cap A^2$ *ist* $\overline{\Theta}_1 \cap \overline{\Theta}_2 = \omega$;

ii) $\overline{\Theta}_1\overline{\Theta}_2 = \iota$[1]);

iii) *für alle* $P \in \mathfrak{A}$ *und alle* $a \in A$ *gilt*: $P/\Theta_1([a]\overline{\Theta}_1) \cdot P/\Theta_2([a]\overline{\Theta}_2) = P([a]\overline{\Theta}_1 \cap [a]\overline{\Theta}_2)$;

iv) *für alle* $P_1, P_2 \in \mathfrak{A}$ *gibt es ein* $P \in \mathfrak{A}$ *mit*: $P_1/\Theta_1 \otimes P_2/\Theta_2 = P$.

Beweis durch Konstruktion des Isomorphismus $f: \mathfrak{A} \to \mathfrak{A}/\Theta_1 \otimes \mathfrak{A}/\Theta_2$.

a) Die (Mengen-)Abbildung

$$f|_A = \bar{f}: A \to A/\overline{\Theta}_1 \times A/\overline{\Theta}_2$$
$$a \to ([a]\overline{\Theta}_1, [a]\overline{\Theta}_2)$$

ist bijektiv.

b) $f: \mathcal{A} \to \mathcal{A}/\Theta_1 \times \mathcal{A}/\Theta_2$ ist eine Abbildung, die wegen i) und iii)
$P \to P/\Theta_1 \otimes P/\Theta_2$

die stochastische Verträglichkeit erfüllt; aus der Injektivität von $\bar{f}$ folgt die von f; aus iv) folgt mit der Eindeutigkeit der Randverteilungen die Surjektivität von f; die algebraische Verträglichkeit erhält man durch Nachrechnen.

Die Bedingungen für die Existenz eines Isomorphismus von einer stochastischen Algebra auf ein Tensorprodukt ausgewählter Quotienten sind sehr restriktiv; es stellt sich damit die Frage, wie die Bedingungen einschränkbar sind, um noch die übliche Abschwächung des Satzes zu erhalten: Einbettbarkeit einer stochastischen Algebra in ein Tensorprodukt homomorpher Bilder.

22. Definition. Seien $\mathfrak{A}_i$, $i = 0, \ldots, r-1$, stochastische Algebren vom Typ τ, $\bigotimes_{i=0}^{r-1} \mathfrak{A}_i$ das (bis auf Isomorphie eindeutig bestimmte) Tensorprodukt der $\mathfrak{A}_i$, $i = 0, \ldots, r-1$. Sei $\mathfrak{A}$ eine Subalgebra von $\bigotimes_{i=0}^{r-1} \mathfrak{A}_i$, derart, daß die auf $\mathfrak{A}$ restringierten Tensorprojektionen surjektiv sind, d. h.: $\mathfrak{A}\, pr_i = \mathfrak{A}_i$, $i = 0, \ldots, r-1$. Dann heißt $\mathfrak{A}$ Subtensorprodukt der $\mathfrak{A}_i$, $i = 0, \ldots, r-1$.

23. Satz. *Die stochastische Algebra $\mathfrak{A} = (A, \mathcal{A}; F)$ ist genau dann isomorph zu einem Subtensorprodukt ihrer Quotientenalgebren $\mathfrak{A}/\Theta_i$, $i = 0, \ldots, r-1$, wenn die beiden folgenden Bedingungen erfüllt sind:*

i) *mit* $\overline{\Theta}_i = \Theta_i \cap A^2$ *gilt*: $\bigcap (\overline{\Theta}_i : i = 0, \ldots, r-1) = \omega$;

ii) *für alle* $P \in \mathcal{A}$ *und alle* $a \in A$ *gilt*:

$$P\left(\bigcap ([a]\overline{\Theta}_i : i = 0, \ldots, r-1)\right) = \prod_{i=0}^{r-1} P/\Theta_i([a]\overline{\Theta}_i) .$$

Beweis. Der Isomorphismus resultiert aus der Inklusion $f: \mathfrak{A} \to \bigotimes_{i=0}^{r-1} \mathfrak{A}/\Theta_i$.

a) $f|_A = \bar{f}: A \to \bigtimes_{i=0}^{r-1} A/\overline{\Theta}_i$ ist injektiv.

$$a \to ([a]\overline{\Theta}_0, [a]\overline{\Theta}_1, \ldots, [a]\overline{\Theta}_{r-1})$$

[1]) $\overline{\Theta}_1\overline{\Theta}_2 = \{(a, b) \in A^2$: es gibt $c \in A$ mit $a\overline{\Theta}_1 c$ und $c\overline{\Theta}_2 b\}$ ist das Relationenprodukt.

b) f sei definiert durch $P \to P/\Theta_1 \otimes \cdots \otimes P/\Theta_{r-1}$. Aus der Injektivität von $\bar{f}$ folgt die von f; daraus wiederum folgt, daß $\mathfrak{A}f$ eine Subalgebra des Tensorproduktes der $\mathfrak{A}/\Theta_i$, $i = 0, \ldots, r-1$, ist, vorausgesetzt, f erfüllt algebraische und stochastische Verträglichkeit. Die erste Bedingung folgt aus der Vertauschbarkeit von stochastischen Operationen mit Tensorprodukt bzw. stochastischer Kongruenz, die zweite direkt aus i) und ii). Die Surjektivität der restringierten Tensorprojektionen folgt aus der Definition von $\mathfrak{A}f$.

Die Zerlegung einer stochastischen Algebra $\mathfrak{A}$ in ein Subtensorprodukt ist trivial, wenn einer der Faktoren $\mathfrak{A}$, d. h. eine der Zerlegungskongruenzen ω ist.

24. Definition. Eine stochastische Algebra $\mathfrak{A}$ heißt *subtensoriell irreduzibel*, wenn gilt:

Jede mögliche Zerlegung von $\mathfrak{A}$ in ein Subtensorprodukt enthält schon $\mathfrak{A}$ als Faktor; formal:

Für alle $r \in \mathbb{N}$, $\Theta_i \in con(\mathfrak{A})$, $i = 0, \ldots, r-1$, mit:

$$\bigcap (\bar{\Theta}_i : i = 0, \ldots, r-1) = \omega\,, \quad (\bar{\Theta}_i = \Theta_i \cap A^2)$$

und

$$P\left(\bigcap \left([a]\bar{\Theta}_i : i = 0, \ldots, r-1\right)\right) = \prod_{i=0}^{r-1} P/\Theta_i\,([a]\bar{\Theta}_i)$$

für alle $P \in \mathfrak{A}$ und alle $a \in A$, gilt: $\Theta_i = \omega$ für mindestens ein $i \in \{0, \ldots, r-1\}$.

Bemerkungen. a) Die Beschränkung auf $r \in \mathbb{N}$ stochastische Kongruenzen in Definition 24 ist ohne Einschränkung der Allgemeinheit sinnvoll, da ein nicht endliches Tensorprodukt in der Kategorie S-Alg(τ) nur dann existiert, wenn bis auf endlich viele alle Faktoren gleich der einelementigen Algebra sind.

b) Aus der Assoziativität bzw. Kommutativität bis auf natürliche Äquivalenz des Tensorproduktes in monoidalen Kategorien folgt mit a), daß in der Definition schon eine Beschränkung auf zwei Faktoren möglich ist.

25. Satz. *Jede stochastische Algebra $\mathfrak{A} = (A, \mathcal{A}; F)$ mit $|A| \in \mathbb{N}$ ist isomorph zu einem Subtensorprodukt subtensoriell irreduzibler Quotienten von $\mathfrak{A}$.*

Beweis. Ist $\mathfrak{A}$ nicht subtensoriell irreduzibel, so gibt es nach Satz 23 stochastische Kongruenzen Θ_i, $i = 0, \ldots, r-1$, auf $\mathfrak{A}$, $\Theta_i \neq \omega$, und einen Inklusionsmorphismus $inc: \mathfrak{A} \to \bigotimes_{i=0}^{r-1} \mathfrak{A}/\Theta_i$, so daß die auf $\mathfrak{A}\,inc$ restringierten Tensorprojektionen surjektiv sind. Gibt es unter den $\mathfrak{A}/\Theta_i$, $i = 0, \ldots, r-1$, noch stochastische Algebren, die nicht subtensoriell irreduzibel sind, z. B. $\mathfrak{A}/\Theta_{r-1}$, so erlaubt diese wieder eine Zerlegung nach stochastischen Kongruenzen $\Theta_k^{r-1} \neq \omega$, $k = 0, \ldots, s-1$, aus $con(\mathfrak{A}/\Theta_{r-1})$, und es existiert eine Einbettung $inc^{r-1}: \mathfrak{A}/\Theta_{r-1} \to \bigotimes_{k=0}^{s-1} (\mathfrak{A}/\Theta_{r-1})/\Theta_k^{r-1}$ derart, daß die auf $(\mathfrak{A}/\Theta_{r-1})\,inc^{r-1}$ restringierten Tensorprojektionen surjektiv sind.

Aus dem 2. Isomorphiesatz und der daran anschließenden Bemerkung folgt die Existenz stochastischer Kongruenzen $\hat{\Theta}_k^{r-1}$, $k = 0, \ldots, s-1$, aus $con(\mathfrak{A})$, so daß gilt: $\mathfrak{A}/\hat{\Theta}_k^{r-1}$ ist isomorph zu $(\mathfrak{A}/\Theta_{r-1})/\Theta_k^{r-1}$ für alle $k = 0, \ldots, s-1$.
Durch Verknüpfung der Inklusionen erhält man dann eine Einbettung von $\mathfrak{A}$ in $\left(\bigotimes_{i=0}^{r-2} \mathfrak{A}/\Theta_i\right) \otimes \left(\bigotimes_{k=0}^{s-1} \mathfrak{A}/\Theta_k^{r-1}\right)$.

Die Surjektivität der auf das Bild unter der entstandenen Einbettung restringierten Tensorprojektionen ist explizit nachrechenbar.

Da ohne Einschränkung der Allgemeinheit $\Theta \neq \omega$ für alle entstehenden Zerlegungskongruenzen angenommen werden kann, bricht ein sukzessives Zerlegungsverfahren nach endlich vielen Schritten ab.

Bemerkung. Daß ein entsprechender Satz für stochastische Algebren mit nicht endlicher unterliegender Menge i. allg. nicht gilt, zeigen einfache Gegenbeispiele.

Literatur

[1] Grenander, U., Probabilities on Algebraic Structures. Stockholm 1963.
[2] Paz, A., Introduction to Probabilistic Automata. New York 1971.
[3] Kai Hwang, Cyclic Decomposition of Finite Stochastic Systems. J. Comp. Syst. Sci. **9** (1974), 56–68.
[4] Nielsen, M., On Decomposition of Stochastic Finite-State Systems. Aarhus 1973.
[5] Grätzer, G., Universal Algebra. Princeton 1968.
[6] Zech, K. A., Eine Bemerkung über stochastische Wahrheitsfunktionen und ihre Anwendung in der Strukturtheorie stochastischer Automaten. EIK 7 (1971) 8, 505 bis 512.
[7] Kemeny, J. G., J. L. Snell, Finite Markov Chains. Princeton 1960.
[8] Starke, P. H., Über die Minimalisierung von stochastischen Rabin-Automaten. EIK 5 (1969) 3, 153–170.
[9] Wille, R., Allgemeine Algebra — zwischen Grundlagenforschung und Anwendbarkeit. Darmstadt 1973 (Preprint).

Kurzfassung

Die in realen Situationen fast immer auftretenden zufälligen Einflüsse dürften einer der Gründe dafür sein, daß die (deterministische) klassische Algreba n-stelliger Operationen in der allgemeinen Systemtheorie kaum eine Rolle spielt. Zur Behebung dieser Schwierigkeit wird exemplarisch am Beispiel eines „Zweiten Isomorphiesatzes" und mehrerer Zerlegungssätze die Entwicklung einer stochastischen Algebra gezeigt.

Abstract

The influence of probability in almost all real situations may be one of the reasons for classical (deterministic) algebra (with n-ary operations) to have only little importance in general system theory.
To overcome this difficulty stochastic algebra is developed by proving a "Second Isomorphism Theorem" and some decomposition theorems.

Резюме

Влияние случайных факторов, встречаемых в почти всех реальных ситуациях, наверно является одной из причин того, что классическая (детерминистическая) алгебра n-значных операций почти не играет никакой роли в общей теории систем.
Для устранения этой трудности на примере „Второй теоремы изоморфизма" и нескольких теорем разложения показывается развитие стохастической алгебры.

(Eingang: erste Fassung am 29. 8. 1975,
ergänzte Fassung am 1. 3. 1976,

Anschrift des Verfassers:
H. Daduna
Institut für Mathematische Stochastik
Bundesstraße 55
2000 Hamburg 13
BRD

Elektronische Informationsverarbeitung und Kybernetik
EIK 12 (1976) 11/12, 599 – 605

L-Fuzzy Sets and L-Flou Sets

By CONSTANTIN V. NEGOITA and DAN A. RALESCU

In order to obtain a more precise description of the sets we encounter in real life, several policies have been proposed. ZADEH (1965) introduced the concept of fuzzy sets by defining them in terms of mappings from a set into the unit interval. GOGUEN (1967) extended the concept by defining L-fuzzy sets to be functions from a set into a lattice. GENTILHOMME (1968) introduced the concept of flou sets by defining them as pairs of sets.

Here we shall define the concept of L-flou sets in order to show the equivalence with L-fuzzy sets in the sense of a lattice isomorphism, L being a complete lattice.

These results have the following practical results: a) a fuzzy set may be represented as an infinite family of sets rather as functions, b) a flou set can be reduced at an L-fuzzy set.

Let X be a reference set.

Definition 1. By a *flou set* we mean a pair $\mathcal{F} = (E, F)$ with $E \subseteqq F$; $E, F \subseteqq X$. The set of all flou sets is denoted by $\mathcal{F}l(X)$.

A natural ordering is defined in $\mathcal{F}l(X)$:

$$\mathcal{F} \subseteqq \mathcal{F}' \Leftrightarrow E \subseteqq E' \quad \text{and} \quad F \subseteqq F' ,$$

where

$$\mathcal{F}, \mathcal{F}' \in \mathcal{F}l(X) , \quad \mathcal{F} = (E, F) , \quad \mathcal{F}' = (E', F') .$$

If $\mathcal{F} \in \mathcal{F}l(X)$, $\mathcal{F} = (E, F)$, E is the *sure region*, F is the *maximum region*, and $F \setminus E$ the *flou region*. The union, intersection and complementation operations are defined in the following way:

For

$$\mathcal{F} = (E, F) , \quad \mathcal{F}' = (E', F')$$

is

$$\mathcal{F} \cup \mathcal{F}' = (E \cup E', F \cup F') ,$$

$$\mathcal{F} \cap \mathcal{F}' = (E \cap E', F \cap F') ,$$

$$\complement\mathcal{F} = (\complement F, \complement E) .$$

Theorem 1. *$\mathcal{F}l(X)$ is a completely distributive lattice.*

Proof. It is easy to prove the following properties:

$$\mathcal{F} \cup \mathcal{F}' = \mathcal{F}' \cup \mathcal{F} , \quad \mathcal{F} \cap \mathcal{F}' = \mathcal{F}' \cap \mathcal{F} ,$$

$$(\mathcal{F} \cup \mathcal{F}') \cup \mathcal{F}'' = \mathcal{F} \cup (\mathcal{F}' \cup \mathcal{F}'') , \quad (\mathcal{F} \cap \mathcal{F}') \cap \mathcal{F}'' = \mathcal{F} \cap (\mathcal{F}' \cap \mathcal{F}'') ,$$

$$\mathcal{F} \cup \mathcal{F} = \mathcal{F} , \quad \mathcal{F} \cap \mathcal{F} = \mathcal{F} ,$$

$$\mathcal{F} \cup (\mathcal{F} \cap \mathcal{F}') = \mathcal{F} \cap (\mathcal{F} \cup \mathcal{F}') = \mathcal{F} ,$$

$$\mathcal{F} \cup \Big(\bigcap_{i \in I} \mathcal{F}_i\Big) = \bigcap_{i \in I} (\mathcal{F} \cup \mathcal{F}_i) , \quad \mathcal{F} \cap \Big(\bigcup_{i \in I} \mathcal{F}_i\Big) = \bigcup_{i \in I} (\mathcal{F} \cap \mathcal{F}_i) .$$

The least element is $0 = (\emptyset, \emptyset)$ and the greatest element is $1 = (X, X)$. Thus $\mathcal{F} \in \mathcal{F}l(X) \Rightarrow 0 \subseteqq \mathcal{F} \subseteqq 1$.

Remark. $\mathcal{F}l(X)$ is not a Boolean algebra, since

$$\mathcal{F} \cup \complement\mathcal{F} = (E \cup \complement F, F \cup \complement E) = (E \cup \complement F, X) \neq 1\,,$$

$$\mathcal{F} \cap \complement\mathcal{F} = (E \cap \complement F, F \cap \complement E) = (\emptyset, F \setminus E) \neq 0\,.$$

The concept of a flou set quoted above may be generalized.

Definition 2. An *n-flou set* is a system

$$\mathcal{F} = (E_1, E_2, \dots, E_n)\,, \quad E_j \subseteqq X\,, \quad j = 1, \dots, n\,,$$
$$E_1 \subseteqq E_2 \subseteqq E_3 \subseteqq \cdots \subseteqq E_n\,.$$

We denote by $\mathcal{F}l_n(X)$ the set of all n-flou subsets of X. Clearly, $\mathcal{F}l_2(X) = \mathcal{F}l(X)$.

Definition 3. An L-flou *subset* of a set X is a family

$$\mathcal{F} = (E_\alpha)_{\alpha \in L}\,, \quad E_\alpha \subseteqq X\,, \quad (\forall)\,\alpha \in L$$

such that $E_{\bigvee\limits_{i \in I} \alpha_i} = \bigcup\limits_{i \in I} E_{\alpha_i}$ for all $\{\alpha_i\}_{i \in I} \subset L$. The set of all L-flou subsets of X are denoted by $\mathcal{F}l_L(X)$.

Remark. The reader will recognize that if L is the chain $\{1, 2, \dots, n\}$, then $\mathcal{F}l_L(X) = \mathcal{F}l_n(X)$. It should be stressed that $\alpha \leqq \beta \Rightarrow E_\alpha \subseteqq E_\beta$ though the converse is not true.

We can define a complete lattice structure in $\mathcal{F}l_L(X)$ by setting

$$\mathcal{F}' \cup \mathcal{F}'' = (E'_\alpha \cup E''_\alpha)_{\alpha \in I} \quad \text{if } \mathcal{F}' = (E'_\alpha)_{\alpha \in L}\,, \quad \mathcal{F}'' = (E''_\alpha)_{\alpha \in L}\,.$$

We observe that

$$\mathcal{F}' \cap \mathcal{F}'' = \bigcup_{\substack{\mathcal{F} \in \mathcal{F}l_L(X) \\ \mathcal{F} \leqq \mathcal{F}' \\ \mathcal{F} \leqq \mathcal{F}''}} \mathcal{F}$$

since $(E'_\alpha \cap E''_\alpha)_{\alpha \in L} \notin \mathcal{F}l_L(X)$.

It is readily verified that $\mathcal{F}l_L(X)$ is a complete lattice, and $0 = (M_\alpha)_{\alpha \in L}$, $M_\alpha = \emptyset$, $1 = (N_\alpha)_{\alpha \in L}$, $N_\alpha = X$, are the least and the greatest elements, respectively.

Let us consider $(L, \leqq)$ a poset with the following properties:

L1) L is a complete lattice with 0 and 1,

L2) for all $A \subseteqq L$, $a < \sup A \Rightarrow (\exists)\, b \in A,\ a \leqq b$.

We shall also consider the set of all functions $f\colon L \to \mathfrak{P}(X)$ with the properties:

f1) $f(0) = \emptyset$,

f2) $f\left(\bigvee\limits_{i \in I} \alpha_i\right) = \bigcup\limits_{i \in I} f(\alpha_i)$ for all $\{\alpha_i\}_{i \in I} \subset L$

which will be denoted by $\mathcal{L}_L(X)$

$$\mathcal{L}_L(X) = \{f\colon L \to \mathfrak{P}(X) \mid f \text{ satisfies f1) and f2)}\}\,.$$

We shall use also the set

$$\mathcal{L}'_L(X) = \left\{f\colon L \to \mathfrak{P}(X) \mid f(0) = X,\ f\left(\bigwedge_{i \in I} \alpha_i\right) = \bigcap_{i \in I} f(\alpha_i)\right\}.$$

We see that $\mathcal{L}'_L(X)$ is inf-complete, while $\mathcal{L}_L(X)$ is sup-complete; with inf and sup defined respectively by:

$$\left(\bigwedge_{i\in I} f_i\right)(\alpha) = \bigcap_{i\in I} f_i(\alpha)\,, \quad f_i \in \mathcal{L}'_L;$$

$$\left(\bigvee_{i\in I} g_i\right)(\alpha) = \bigcup_{i\in I} g_i(\alpha)\,, \quad g_i \in \mathcal{L}_L\,.$$

Furthermore, it can be shown that

$$f, f' \in \mathcal{L}'_L \Rightarrow f \wedge f' \notin \mathcal{L}'_L\,, \quad ((f \vee f')(\alpha) = f(\alpha) \cup f'(\alpha)\,,$$

and consequently

$$g, g' \in \mathcal{L}_L \Rightarrow g \vee g' \notin \mathcal{L}_L\,, \quad (g \wedge g')(\alpha) = g(\alpha) \cap g'(\alpha)\,.$$

The corresponding operations — sup in $\mathcal{L}'_L$ (denoted by $\overline{\vee}$), and inf in $\mathcal{L}_L$ (denoted by $\underline{\wedge}$) are:

$$\overline{\bigvee_{i\in I}} f_i = \bigwedge_{\substack{f\in\mathcal{L}'_L \\ f \geqq f_i \text{ for all } i}} f\,, \quad f_i \in \mathcal{L}'_L;$$

$$\underline{\bigwedge_{i\in I}} g_i = \bigvee_{\substack{g\in\mathcal{L}_L \\ g \leqq g_i \text{ for all } i}} g\,, \quad g_i \in \mathcal{L}_L$$

such that $(\mathcal{L}'_L, \wedge, \overline{\vee})$, $(\mathcal{L}_L, \vee, \underline{\wedge})$ are complete lattices.

As a corollary of the above definitions we can now establish the following

Lemma 1. *There is a function Φ: $\mathcal{F}_L(X) \to \mathcal{L}'_L(X)$ which is one-to-one and onto, where $\mathcal{F}_L(X)$ is the set of all L-fuzzy subsets of X.*

Proof. We define $\Phi(\chi) = f_\chi$, $f_\chi(\alpha) = N_\alpha(\chi) = \{x \in X \mid \chi(x) \geqq \alpha\}$. Thus, Φ associates to each L-fuzzy subset of X (i.e. each χ: $X \to L$) the set of all its α-cuts $\{N_\alpha(\chi)\}_{\alpha\in L}$. From $N_0(\chi) = X$ and $N_{\bigvee_{i\in I}\alpha_i}(\chi) = \bigcap_{i\in I} N_{\alpha_i}(\chi)$ it follows that $f_\chi = \Phi(\chi) \in \mathcal{L}'_L(X)$. We observe that $f \in \mathcal{L}'_L$ means $\alpha < \beta \Rightarrow f(\alpha) \supseteqq f(\beta)$. This property is f3), frequently used in the proof.

Let us show that Φ is onto. If $f \in \mathcal{L}'_L$, we must find $\chi = \chi_f \in \mathcal{F}_L(X)$ such that $\Phi(\chi_f) \geqq f$ or $N_\alpha(\chi) = f(\alpha)$ for all $\alpha \in L$. We define

$$\chi(x) = \sup\,\{\beta \mid x \in f(\beta)\} = \sup I_x$$

where $I_x = \{\beta \in L \mid x \in f(\beta)\}$. We proceed now to prove that I_x is a closed interval in L. Let be $\alpha_0 = \sup I_x \in L$. If $\beta < \alpha_0$, from the property L2) we get immediately $(\exists)\ \beta_1 \in I_x, \beta \leqq \beta_1$. But $x \in f(\beta_1)$ and from f3) $f(\beta) \supseteqq f(\beta_1)$. Thus, $x \in f(\beta)$ and $\beta \in I_x$. Since $f(0) = X \ni x$ we have $0 \in I_x$ and therefore $[0, \alpha_0) \subseteqq I_x$.

It will now be shown that $\alpha_0 \in I_x$. From the definition of $\mathcal{L}'_L$ we have

$$f(\alpha_0) = f(\sup I_x) = f\Bigg(\bigvee_{\substack{\beta\in L \\ x\in f(\beta)}} \beta\Bigg) = \bigcap_{x\in f(\beta)} f(\beta)\,.$$

But,

$$x \in \bigcap_{x\in f(\beta)} f(\beta) \Rightarrow x \in f(\alpha_0) \Rightarrow \alpha_0 \in I_x\,.$$

Thus, $[0, \alpha_0] \subseteqq I_x$, and since $\beta \in I_x \Rightarrow \beta \leqq \alpha_0$, it follows that $I_x = [0, \alpha_0]$.

Now, let us prove that $N_\alpha(\chi) = f(\alpha)$. If $x \in N_\alpha(\chi)$, then $\chi(x) = \sup I_x = \alpha_0 \geqq \alpha$ and $f(\alpha_0) \subseteqq f(\alpha)$. Thus, $x \in f(\alpha_0)$ implies that $x \in f(\alpha)$, i.e. $N_\alpha(\chi) \subseteqq f(\alpha)$. Conversely, if $x \in f(\alpha)$ then

$$\alpha_0 = \sup I_x \geqq \alpha \Rightarrow \chi(x) \geqq \alpha \Rightarrow x \in N_\alpha(\chi)\,,$$

which is what we set out to prove.

Furthermore, it must be shown that Φ is one-to-one. Suppose $\chi \neq \chi'$. If $\Phi(\chi) = \Phi(\chi')$, then $(\exists)\, x_0 \in X$, $\chi(x_0) \neq \chi'(x_0)$. But, $N_\alpha(\chi) = N_\alpha(\chi')$, $(\forall)\, \alpha \in L$, and for $\alpha = \chi(x_0)$ we have

$$N_{\chi(x_0)}(\chi) = N_{\chi(x_0)}(\chi')\,,$$

$$x_0 \in N_{\chi(x_0)}(\chi) \Rightarrow x_0 \in N_{\chi(x_0)}(\chi') \Rightarrow \chi'(x_0) \geqq \chi(x_0)\,.$$

In a similar manner we can show that $\chi'(x_0) \leqq \chi(x_0)$. Consequently, $\chi(x_0) = \chi'(x_0)$, providing a contradiction. Thus, Φ is one-to-one and onto and the lemma is proved.

Lemma 2. *Let L and L' be two inf-complete lattices. If a map $\varphi\colon L \to L'$ satisfies to*
M1) *φ is one-to one and onto and*
M2) $\varphi\left(\bigwedge_{i\in I} x_i\right) = \bigwedge_{i\in I} \varphi(x_i)$
then,

$$\varphi\left(\bigvee_{i\in I} x_i\right) = \bigvee_{i\in I} \varphi(x_i)$$

where

$$\bigvee_{i\in I} x_i = \inf\{x \in L \mid x \geqq x_i,\, i \in I\}\,.$$

Proof. Using M1) and M2) we get immediately

$$x \leqq y \Leftrightarrow \varphi(x) \leqq \varphi(y)\,.$$

Observing that

$$\bigvee_{i\in I} x_i = \bigwedge_{\substack{x\in L\\ x\geqq x_i \text{ for all } i}} x\,, \qquad \text{then } \varphi\left(\bigvee_{i\in I}(x_i)\right) = \left(\varphi \bigwedge_{\substack{i\in L\\ x\geqq x_i}} x\right) = \bigwedge_{\substack{x\in L\\ x\geqq x_i}} \varphi(x)\,.$$

We have to prove that

$$\bigwedge_{\substack{x\in L\\ x\geqq x_i}} \varphi(x) = \bigvee_{i\in I} \varphi(x_i)\,.$$

This means

a) $\bigwedge_{\substack{x\in L\\ x\geqq x_i}} \varphi(x_i) \geqq \varphi(x_i)$ for all $i \in I$;

b) if $y_0 \in L'$, $y_0 \geqq \varphi(x_i)$ for all $i \in I$ $\quad y_0 \geqq \bigwedge_{\substack{x\in L\\ x\geqq x_i}} \varphi(x)$.

But a) is obvious since

$$x \in \{x \in L \mid x \geqq x_i \quad \text{for all } i\} \Rightarrow \varphi(x) \geqq \varphi(x_i) \Rightarrow \bigwedge_{\substack{x\in L\\ x\geqq x_i}} \varphi(x) \geqq \varphi(x_i)\,.$$

To prove b), let be $y_0 \in L'$, $y_0 \geqq \varphi(x_i)$ for all $i \in I$. But φ is onto, i.e. $(\exists)\, x_0 \in L$, $y_0 = \varphi(x_0)$. Thus, $\varphi(x_0) \geqq \varphi(x_i) \Rightarrow x_0 \geqq x_i$, for all i. It follows

$$\bigwedge_{\substack{x\in L\\ x\geqq x_i}} \varphi(x) \leqq \varphi(x_0) = y_0\,,$$

and the lemma is proved.

Lemma 3. *The sets $\mathscr{L}'_L(X)$ and $\mathscr{L}_L(X)$ are dually isomorphic, as complete lattices.*

Proof. We can construct a map

$$\Psi\colon \mathscr{L}'_L(X) \to \mathscr{L}_L(X)\,,$$

$$\Psi(f) = g\,, \quad g(\alpha) = \complement f(\alpha) = X \setminus f(\alpha)$$

which is well defined, one-to-one and onto. The reader is reminded that $\mathcal{L}'_L$ is inf-complete, while $\mathcal{L}_L$ is sup-complete. The map Ψ also satisfies

$$\Psi\left(\bigwedge_{i\in I} f_i\right) = \bigvee_{i\in I} \Psi(f_i) .$$

Thus, using Lemma 2, Ψ satisfies

$$\Psi\left(\overline{\bigvee_{i\in I}} f_i\right) = \underline{\bigwedge_{i\in I}} \Psi(f_i) ,$$

i.e. Ψ is a dual isomorphism between $\mathcal{L}'_L$ and $\mathcal{L}_L$.

These preliminaries enable us to show the following important

Representation Theorem. *There is a dual isomorphism of complete lattices between $\mathcal{F}_L(X)$ and $\mathcal{L}_L(X)$.*

Proof. Lemma 1 asserts that there is a map $\Phi\colon \mathcal{F}_L(X) \to \mathcal{L}'_L(X)$, one-to-one and onto. Lemma 3 asserts that there is a map $\Phi\colon \mathcal{L}'_L(X) \to \mathcal{L}_L(X)$ (complete isomorphism). It is clear that the composite

$$F = \Psi \circ \Phi\colon \mathcal{F}_L(X) \to \mathcal{L}_L(X)$$

is one-to-one and onto. Further, Φ satisfies to $\Phi\left(\bigwedge_{i\in I} \chi_i\right) = \bigwedge_{i\in I} \Phi(\chi_i)$ and it is a simple matter to show that $N_\alpha\left(\bigwedge_{i\in I} \chi_i\right) = \bigcap_{i\in I} N_\alpha(\chi_i)$ for each $\alpha \in L$. Thus F satisfies to

$$F\left(\bigwedge_{i\in I} \chi_i\right) = \bigwedge_{i\in I} F(\chi_i)$$

and using again Lemma 2 we obtain

$$F\left(\bigvee_{i\in I} \chi_i\right) = \Psi\left(\Phi\left(\bigvee_{i\in I} \chi_i\right)\right) = \Psi\left(\overline{\bigvee_{i\in I}} \Phi\chi_i\right) = \underline{\bigwedge_{i\in I}} \Psi(\Phi(\chi_i)) = \underline{\bigwedge_{i\in I}} F(\chi_i) .$$

Thus, the lattices $\{\mathcal{F}_L(X), \wedge, \vee\}$ and $\{\mathcal{L}_L(X), \vee, \underline{\wedge}\}$ are completely dual isomorphic and the theorem is proved.

Remarks. a) We observe that $L = [0, 1]$ verifies the two axioms L1) and L2). In this case, the representation theorem gives the equivalence between fuzzy subsets of X and $[0, 1]$-flou subsets of X.

b) It should be observed that if $L = [0, 1], \alpha \leqq \beta \Rightarrow f(\alpha) \subseteq f(\beta)$ is not a sufficient condition such that

$$f\left(\bigvee_{i\in I} \alpha_i\right) = \bigcup_{i\in I} f(\alpha_i)$$

for arbitrary I. We can build, for instance, a function

$$f\colon [0, 1] \to \mathfrak{P}(R) ,$$

$$f(\alpha) = \begin{cases} \emptyset , & \text{if } \alpha = 0 , \\ [-\alpha, \alpha] , & \text{if } \alpha \neq 0, 1 , \\ [-2, 2] , & \text{if } \alpha = 1 \end{cases}$$

and

$$\alpha \leqq \beta \Rightarrow f(\alpha) \subseteq f(\beta) , \quad f(0) = \emptyset , \quad \text{but } f\left(\bigvee_{\alpha<1} \alpha\right) \supset \bigcup_{\alpha<1} f(\alpha)$$

strictly, since

$$f\left(\bigvee_{\alpha<1} \alpha\right) = f(1) = [-2, 2] \quad \text{and} \quad \bigcup_{\alpha<1} f(\alpha) = \bigcup_{\alpha<1} [-\alpha, \alpha] = (-1, 1) .$$

c) It should be observed also that L2) is satisfied if L is a chain (that is linearly ordered), in particular for every subchain of R. The corresponding statement is not necessarily true if L is not a chain. For instance, if $L = \mathfrak{P}(A)$ it is possible to have $M \subset N \cup P$, $M \not\subset N$, $M \not\subset P$.

Since Theorem 1 is valid for L a chain which is a complete lattice, then it is valid for finite chains. Thus, if we consider

$$L_n = \left\{0, \frac{1}{n}, \frac{2}{n}, \ldots, \frac{n-1}{n}, 1\right\} = B_{n+1, n=1,2,\ldots}$$

we obtain the following

Corallary. *There is an isomorphism of complete lattices between $\mathcal{F}_{L_n}(X)$ and $\mathcal{F}l_n(X)$.*

Proof. $\mathcal{F}_{L_n}(X) = \{\chi \mid \chi: X \to L_n\}$ and L_n is the truth value space for an $(n + 1)$-valued logic. The representation theorem asserts that there is an isomorphism $\Phi: \mathcal{F}_{L_n}(X) \to \mathcal{L}'_{L_n}(X)$. We can build an isomorphism $I: \mathcal{L}'_{L_n}(X) \to \mathcal{L}''_{L_n}(X)$ where

$$\mathcal{L}''_{L_n}(X) = \{f \mid f: L_n \to \mathfrak{P}(X), f(1) = X, \alpha \leqq \beta \Rightarrow f(\alpha) \subseteqq f(\beta)\}$$

by setting $I(f) = g$, $g(\alpha) = f(1 - \alpha)$. It is clear, also, from the structure of L_n, that

$$f \in \mathcal{L}'_{L_n}(X) \supseteqq f(0) = X\,, \quad \alpha \leqq \beta \Rightarrow f(\alpha) \Leftrightarrow f(\beta)\,.$$

Thus, there is an isomorphism (of complete lattices)

$$I \circ \Phi: \mathcal{F}_{L_n}(X) \to \mathcal{L}''_{L_n}(X)\,.$$

Now, it is readily verified that $\mathcal{L}''^{\tau}_{L_n}(X)$ and $\mathcal{F}l_n(X)$ are isomorphic by the correspondence

$$f \in \mathcal{L}''_{L_n}(X) \to f|_{L_n \setminus \{1\}} \in \mathcal{F}l_n(X)$$

and the corollary is proved.

It will further be noticed that the flou sets are isomorphic with L-fuzzy sets with suitable L.

It is easy to adjust the above arguments to give the slightly more general results which follows.

Let us consider L and L' two complete lattices, where L satisfies at least L1) and L2), and the set

$$\mathcal{L} = \{f \mid f: L \to L', f(0) = 0', f\Big(\bigvee_{i \in I} \alpha_i\Big) = \bigvee_{i \in I} f(\alpha_i)\,.$$

Then,

a) If $L = \{0, 1\}$, $L' = \mathfrak{P}(X) \Rightarrow \mathcal{L} \approx \mathfrak{P}(X)$, the set of subsets of X.

b) If $L = \{0, 1/2, 1\}$, $L' = \mathfrak{P}(X) \Rightarrow \mathcal{L} \approx \mathcal{F}l(X)$, the set of flou subsets of X.

c) If $L = [0, 1]$, $L' = \mathfrak{P}(X) \to \mathcal{L} \approx \mathcal{F}(X)$, the set of fuzzy subsets of X.

d) If L has L1), L2), $L' = \mathfrak{P}(X) \Rightarrow \mathcal{L} \approx \mathcal{F}_L(X)$, the set of L-fuzzy subsets of X.

References

[1] Gentilhomme, Y., Les ensembles floues en linguistique. Cahiers de linguistique theorique et appliquée (Bucarest) 5 (1968), 47.

[2] Goguen, J. A., L-Fuzzy Sets. J. Math. Analysis and Appl. 18 (1967), 145–174.

[3] Zadeh, L. A., Fuzzy Sets. Inform. and Control 8 (1965), 338–353.

Abstract

Gentilhomme 1968 introduced the concept of flou sets by defining them as pairs of sets. Here we define the concept of L-flou sets in order to show the equivalence with L-fuzzy sets in the sense of a lattice isomorphism, L being a complete lattice. These results have the following practical results: a) a fuzzy set may be represented as an infinite family of sets rather as functions, b) a flou set can be reduced at an L-fuzzy set.

Kurzfassung

Gentilhomme führte in [1] "flou sets" als Mengenpaare ein. In der vorliegenden Arbeit werden L-flou sets definiert und ihre Äquivalenz (im Sinne der Verbandsisomorphie) zu den L-Fuzzy-Mengen nachgewiesen, wobei L ein vollständiger Verband ist. Damit ergibt sich: a) Eine Fuzzy-Menge kann anstatt als Funktion besser als unendliche Mengenfamilie dargestellt werden; b) die Betrachtung von flou sets kann auf die Betrachtung von L-Fuzzy-Mengen reduziert werden.

Резюме

Гентилхом 1968 ввел понятие „флоу-множеств": он определил их как пары множеств. В настоящей работе мы определяем понятие „L-флоу-множеств" для того, чтобы показать эквивалентность с L-неопределенными множествами (L-fuzzy sets) в смысле изоморфизма структур, причем L является полной структурой. Эти решения имеют следующие практические выводы: а) неопределенное множество жомет быть лучше представлено в виде бесконечного семейства множеств чем в виде функций, б) некоторое флоу-множество может быть приведено к L-неопределенному множеству.

(Received August 11, 1975)

Mailing address:

Dr. C. V. Negoita
Str. Caragea-Voda 9—15
Bucuresti
Romania

Elektronische Informationsverarbeitung und Kybernetik
EIK 12 (1976) 11/12, 607 –610

Umformungsmöglichkeiten für die Restriktionen eines 0-1-Optimierungsproblems

Von GUNTER BÄR[1])

Es sind gegenwärtig verschiedene Wege zur Umformung diskreter Optimierungsprobleme bekannt, die zu einem gegebenen Problem ein äquivalentes Problem mit einer neuen Nebenbedingungsstruktur liefern, welche für die Lösung günstiger ist. Dabei sollen zwei Optimierungsprobleme „äquivalent" heißen, falls ihre Zielfunktionen und ihre zulässigen Bereiche übereinstimmen. Beispiele hierfür sind etwa die Untersuchungen von BRADLEY [4] u. a. zur Reduktion von Gleichungsrestriktionen in ganzzahligen Optimierungsproblemen auf eine einzige Gleichungsrestriktion, die Ergebnisse von BALAŚ [1] u. a. zur Umformung eines nichtlinearen 0–1-Optimierungsproblems in ein lineares 0–1-Optimierungsproblem mittels Einführung zusätzlicher Variablen oder die Ergebnisse von GRANOT/HAMMER [5] u. a. zur Überführung eines nichtlinearen 0–1-Optimierungsproblems in ein sog. verallgemeinertes Überdeckungsproblem ohne Einführung zusätzlicher Variablen.

Hier soll ein Überblick über prinzipielle Möglichkeiten einer äquivalenten Umformung für Nebenbedingungen eines 0–1-Optimierungsproblems gegeben werden unter der Voraussetzung, daß keine zusätzlichen Variablen aufgenommen werden.

1. Grundbegriffe

Definition. a) $G \equiv \sum_{i=1}^{n} c_i \cdot f_i = c_0$ heißt eine *Gleichung*, falls $c_0, c_1, \ldots, c_n$ beliebige reelle Zahlen sind und $f_i \equiv x_{i_1} \cdot x_{i_2} \cdots x_{i_{k_i}}$ für $i = 1, 2, \ldots, n$ gilt, wobei die x_{i_ν} 0–1-Variablen sind.

$U \equiv \sum_{i=1}^{n} c_i \cdot f_i \geqq c_0$ heißt eine *Ungleichung*.

b) $\mathfrak{G}$ sei die Menge aller Gleichungen und $\mathfrak{U}$ die Menge aller Ungleichungen.

c) G bzw. U heißen *linear*, falls $f_i \equiv x_i$ für $i = 1, \ldots, n$ gilt.

Die Beschränkung auf derartige — ganzrationale — Gleichungen bzw. Ungleichungen stellt keine Einschränkung dar, da nach [3] jede beliebige Gleichung bzw. Ungleichung mit 0–1-Variablen auf eine ganzrationale Gleichung bzw. Ungleichung mit den gleichen Variablen zurückgeführt werden kann.

Definition. a) G und U sind *Nebenbedingungssysteme* (*NBS*). Ist S ein NBS, so ist auch $(S \wedge G)$ sowie $(S \wedge U)$ ein NBS.

b) $\mathfrak{S}$ sei die Menge aller NBS.

---

[1]) Sektion Mathematik der Karl-Marx-Universität Leipzig (Direktor: Prof. Dr. H. SCHUMANN).

c) $S \in \mathfrak{S}$ heißt *einfach*, falls S entweder nur aus einer Gleichung G oder nur aus einer Ungleichung U besteht.

d) $S \in \mathfrak{S}$ heißt *linear*, falls jede in S auftretende Gleichung und Ungleichung linear ist.

Definition. $S_1, S_2 \in \mathfrak{S}$ heißen *äquivalent* (in Zeichen: $S_1 \sim S_2$) falls jedes Wertetupel $(x_1^\circ, \ldots, x_n^\circ)$, das S_1 erfüllt, auch S_2 erfüllt und umgekehrt.

2. Beziehungen zwischen Gleichungen und Ungleichungen

Satz. $\forall G(G \in \mathfrak{G} \rightarrow \exists U(U \in \mathfrak{U} \wedge G \sim U))$.

Beweis. Nach [2] gilt, G ist äquivalent einem Ausdruck des Aussagenkalküls[1]), und aus [3] folgt, daß es zu einem Ausdruck stets eine äquivalente Ungleichung U gibt.

Satz (Umkehrung). $\forall U(U \in \mathfrak{U} \rightarrow \exists G(G \in \mathfrak{G} \wedge U \sim G))$.

Beweis. Nach [2] existiert zu U ein äquivalenter Ausdruck H des Aussagenkalküls, und nach [6] gibt es zu H stets eine äquivalente Gleichung G.

Satz. $\forall G(G \in \mathfrak{G} \rightarrow \exists U_1, U_2(U_1, U_2 \in \mathfrak{U} \wedge G \sim (U_1 \wedge U_2)))$.

Ist außerdem G linear, so sind auch U_1 und U_2 linear.

Der Beweis folgt aus der bekannten Tatsache, wonach eine beliebige Gleichung $(A = B)$ äquivalent durch die zwei Ungleichungen $(A \leqq B)$ und $(A \geqq B)$ ersetzbar ist.

3. Umformungsmöglichleiten für Systeme von Ungleichungen

Definition. $S \in \mathfrak{S}$ heiße *Ungleichungssystem*, falls S nur Ungleichungen enthält. $\mathfrak{S}_u$ sei die Menge aller Ungleichungssysteme.

Satz. $\forall S(S \in \mathfrak{S}_u \rightarrow \exists S'(S' \in \mathfrak{S}_u \wedge S' \textit{ einfach} \wedge S' \sim S))$.

Beweis. Nach [2] existiert zu S ein äquivalenter Ausdruck H, und nach [3] gibt es zu H stets eine äquivalente Ungleichung.

Bemerkung. Dieser Satz besagt sinngemäß, daß zu jedem nichtlinearen 0–1-Optimierungsproblem stets ein äquivalentes „nichtlineares" Knapsackproblem (von Ungleichungsgestalt) existiert.

Satz. $\sim \forall S(S \in \mathfrak{S}_u \wedge S \textit{ linear} \rightarrow \exists S'(S' \in \mathfrak{S}_u \wedge S' \textit{ linear} \wedge S' \textit{ einfach} \wedge S \sim S'))$.

Beweis. Die Behauptung ist gleichbedeutend mit $\exists S(S \in \mathfrak{S}_u \wedge S \text{ linear} \wedge \forall S'(S' \in \mathfrak{S}_u \wedge S' \text{ linear} \wedge S' \text{ einfach} \rightarrow S \nsim S'))$.[2])

Das lineare Ungleichungssystem

$$S \equiv (x_1 + x_2 \geqq 1)\,(x_1 + x_2 \leqq 1)$$

ist nach [2] äquivalent mit dem Ausdruck $H \equiv \bar{p}_1 p_2 \vee p_1 \bar{p}_2$, der nach den Untersuchungen in [3] nicht durch eine einzige lineare Ungleichung darstellbar ist.

Satz. $\forall S(S \in \mathfrak{S}_u \rightarrow \exists S'(S' \in \mathfrak{S}_u \wedge S' \textit{ linear} \wedge S \sim S'))$.

Beweis. Zu dem Ungleichungssystem S existiert aufgrund des vorletzten Satzes eine einzelne Ungleichung S'', die äquivalent mit S ist. Nach [2] gibt es zu S'' einen äquivalenten Ausdruck H des Aussagenkalküls. H kann äquivalent in eine konjunktive Normalform $K \equiv \bigwedge_{i=1}^{r} H_i$ überführt werden, wobei H_i Fundamentalalternativen

---

[1]) Einzelheiten über die Beziehungen zwischen Gleichungen bzw. Ungleichungen mit 0–1-Variablen und Ausdrücken des Aussagenkalküls siehe in [2].

[2]) $S \nsim S'$ besagt, S ist nicht äquivalent mit S'.

sind. Zu jeder Fundamentalalternative H_i gibt es nach [3] stets eine äquivalente lineare Ungleichung. Hieraus folgt die Behauptung.

Diese Aussage beinhaltet das bereits zitierte Ergebnis von GRANOT/HAMMER in [5] nämlich die Möglichkeit, ein nichtlineares 0–1-Optimierungsproblem äquivalent in ein verallgemeinertes Überdeckungsproblem umzuformen.

4. Umformungsmöglichkeiten für Systeme von Gleichungen

Definition. $S \in \mathfrak{S}$ heiße ein *Gleichungssystem,* falls S nur Gleichungen enthält. $\mathfrak{S}_g$ sei die Menge aller Gleichungssysteme.

Satz. $\forall S(S \in \mathfrak{S}_g \to \exists S'(S' \in \mathfrak{S}_g \wedge S'$ *einfach* $\wedge\, S' \sim S))$. *Ist außerdem S linear, so ist auch S' noch zusätzlich linear.*

Beweis. S kann nach [2] in einen äquivalenten Ausdruck H überführt werden, und nach [6] läßt sich H stets äquivalent in eine Gleichung umformen.

Dieser Satz beinhaltet das Resultat von BRADLEY [4] für den Fall zweiwertiger Variablen.

Satz. $\sim \forall S(S \in \mathfrak{S}_g \wedge S$ *einfach* $\to \exists S'(S' \in \mathfrak{S}_g \wedge S'$ *linear* $\wedge\, S' \sim S))$.

Beweis. Die Behauptung ist gleichbedeutend mit $\exists S(S \in \mathfrak{S}_g \wedge S$ einfach $\wedge\, \forall S'(S' \in \mathfrak{S}_g \wedge S'$ linear $\to S' \nsim S))$. Wäre die Gleichung $G \equiv -x_1x_2 + x_1 + x_2 = 1$ äquivalent mit mehreren linearen Gleichungen, so wäre G nach vorigem Satz auch äquivalent mit einer einzigen linearen Gleichung. Anderseits ist aber G äquivalent mit dem Ausdruck $H \equiv (p_1 \vee p_2)$, von dem nach den Untersuchungen in [6] bekannt ist, daß er nicht äquivalent durch eine lineare Gleichung darstellbar ist.

(Wie in [6] gezeigt wird, kann allerdings eine beliebige Gleichung G stets in eine Alternative von linearen Gleichungen, die zu G äquivalent ist, umgeformt werden.)

Literatur

[1] BALAŚ, E., Extension de l'algorithme additif à la programmation en nombres entiers et à la programmation non linèaire. C. R. Acad. Sc. Paris, **258** (1964) no. 5.

[2] BÄR, G., H. ROHLEDER, Über einen arithmetisch-aussagenlogischen Kalkül und seine Anwendung auf ganzzahlige Optimierungsprobleme. EIK **3** (1967) 3, 171–195.

[3] BÄR, G., Zur linearen Darstellbarkeit von Ausdrücken des Aussagenkalküls. EIK **8** (1972) 6/7, 353–378.

[4] BRADLEY, G. H., Transformation of integer programs to Knapsack problems. Discrete mathematics **1** (1971), 29–45.

[5] GRANOT, F., P. L. HAMMER, On the use of Boolean functions in 0–1-programming. Technion, Mimeograph Series on Operations Research, Statistics and Economics, No. 70, Sept. 1970.

[6] MEILER, M., G. BÄR, Zur Umformung eines Booleschen Ausdrucks in eine äquivalente Gleichung mit 0-1-Variablen. EIK **10** (1974) 5/6, 341–353.

Kurzfassung

Es wird ein Überblick über prinzipielle Möglichkeiten der äquivalenten Umformung von Nebenbedingungen (Gleichungen oder Ungleichungen) eines 0-1-Optimierungsproblems unter der Voraussetzung gegeben, daß keine zusätzlichen Variablen aufgenommen werden.

Abstract

A survey is given on principle possibilities of equivalent transformations of restrictions (equalities or inequalities) of any 0–1-programming problem supposing no variables are added.

Резюме

Излагаются принципиальные возможности эквивалентного преобразования ограничений (уравнений или неравенств) любой 0–1-проблемы оптимизации, при этом не допускается введение дополнительных переменных.

(Eingegangen am 19. 3. 1975)

Anschrift des Verfassers:

Dr. rer. nat. G. Bär
Sektion Mathematik der
Karl-Marx-Universität Leipzig
701 Leipzig
Karl-Marx-Platz 10/11
DDR

Elektronische Informationsverarbeitung und Kybernetik
EIK 12 (1976) 11/12, 611 – 616

Buchbesprechungen

Rudolf Herschel: Einführung in die Theorie der Automaten, Sprachen und Algorithmen. R. Oldenbourg Verlag, München 1974. 226 S., 152 Abb.

Das Buch führt in die klassische Theorie der Automaten und formalen Sprachen ein. Die Automatentypen „endlicher Automat", „Kellerautomat", „linear beschränkter Automat" und „Turingmaschine" werden sowohl anschaulich als auch formal exakt eingeführt. Die verschiedenen Sprachklassen der Chomsky-Hierarchie „reguläre bzw. rechts- oder linkslineare kontextfreie Sprachen", „kontextfreieSprachen", „kontextsensitive Sprachen" und „allgemeine Sprachen" werden vorgestellt. Außerdem wird der Algorithmenbegriff in den Fassungen „Normalalgorithmus", „rekursive Funktion" und „Turingberechenbarkeit" besprochen.

Das Schwergewicht des Buches liegt darauf, den engen Zusammenhang zwischen den Sprachen der Chomsky-Hierarchie und der von den entsprechenden Automatentypen akzeptierten Sprachklassen deutlich zu machen. Besonders einprägsam und leicht verständlich ist dabei der Sachverhalt dargestellt, daß genau die regulären Sprachen von endlichen Automaten akzeptiert werden.

Die anschauliche Darstellung für die verschiedenen Automatentypen ist möglichst einheitlich unter Verwendung eines Eingabebandes, eines Schreib- und Lesekopfes, interner Zustände und gegebenenfalls eines Speicherbandes vorgenommen. Dadurch werden sowohl die Gemeinsamkeiten als auch die Unterschiede der verschiedenen Automatentypen gut deutlich.

Im Abschnitt Algorithmen werden Begriffe und Probleme der Algorithmentheorie erläutert und ihre Lösungen angegeben.

Das Buch ist mit vielen gerechneten und vom Leser zu rechnenden Beispielen versehen. Die am Ende angegebenen Lösungen erleichtern als Kontrollmöglichkeit das Selbststudium. Es ist gut lesbar geschrieben und eine gute Einführung in das im Titel genannte Sachgebiet.

M. Gössel

Algebraic Coding Theory. History and Development. Edited by I. F. Blake. (Benchmark Papers in Electrical Engineering and Computer Science). Dowden, Hutchinson & Ross, Stroudsburg Pennsylvania 1973. 413 pp.

Dieser Band gehört der von J. B. Thomas (Princeton University) herausgegebenen Reihe "Benchmark Papers in Electrical Engineering and Computer Science" an. So ist die Zielsetzung auch dieses Bandes, die wesentliche Literatur für das relativ junge Wissensgebiet Codierungs-Theorie zu sichten, zu organisieren und für den Leser bereitzustellen; wenn dabei zwar kein Ersatz für das Studium der Literatur gegeben werden kann und auch nicht werden soll, so soll doch mit diesem Band ein praktischer Zugang zu dem Gebiet dargeboten werden, der insbesondere für solche Leser zeitsparend ist, die an der Codierungs-Theorie insofern Interesse haben als dieser Bereich an ihr eigentliches Arbeitsgebiet angrenzt. Wiedergegeben werden die Hauptarbeiten, auf die sich das derzeitige Interesse und die Forschungsaktivität richten, in kompakter Form.

In der Einleitung gibt der Herausgeber — er ist Professor an der Universität von Waterloo in Ontario, Canada — einen Überblick über die geschichtliche Entwicklung dieses Wissensgebiets in den 25 Jahren nach der grundlegenden Arbeit von Shannon 1948. 35 Beiträge, die den wesentlichsten Einfluß auf die Entwicklung hatten, sind in 9 Abschnitten zusammengefaßt, wobei ihre Anordnung i. allg. chronologisch, in speziellen Fällen nach der Thematik erfolgte. Die Arbeiten sind als Originale in Englisch dargeboten, ein französischer Beitrag und zwei russische Arbeiten wurden ins Englische übersetzt.

Nach den Worten des Herausgebers war die Auswahl der Arbeiten für den Zeitraum von 1948 bis 1971 unproblematisch; für die nach Entwicklung der BOSE-CHAUDHURI-HOCQUENGHEM-Codes veröffentlichten Arbeiten dagegen mußte die Auswahl unter dem subjektiven Gesichtspunkt erfolgen, wieweit die betreffenden Codes sich als nützlich erweisen konnten und Einfluß auf die derzeitigen Forschungen nahmen.

Den 9 Abschnitten wurden vom Herausgeber kurze Kommentare vorangestellt, die die einzelnen Arbeiten in den Zeitablauf einordnen und ihre Auswahl begründen.

I. GOLAY-, HAMMING- und REED-MULLER-Codes, Grenzen für Code-Wörterbücher. (9 Arbeiten)
II. Lineare Codes. (3)
III. BOSE-CHAUDHURI-HOCQUENGHEM- und REED-SOLOMON-Codes. (6)
IV. Decodierung. (2)
V. Gewichts-Aufzählung. (3)
VI. Codierung und Kombinatorik. (3)
VII. Verallgemeinerte Codes. (3)
VIII. Nichtlineare Codes. (4)
IX. SHANNON-Codes. (2)

Ein Autoren- und ein Sachverzeichnis schließen den für Studenten, Lehrer und Forscher nützlichen Band ab.

W. Kämmerer

GI — 4. Jahrestagung; Berlin, 9.–12. Oktober 1974. Herausgegeben im Auftrag der GI von D. Siefkes. (Lecture Notes in Computer Science, 26). Springer-Verlag, Berlin-Heidelberg-New York 1975. 748 S.

Auf der vierten Jahrestagung der Gesellschaft für Informatik (GI) der BRD, die vom 9. bis 12. Oktober an der Technischen Universität Berlin(West) stattfand, wurden fünf Hauptvorträge und 65 Kurzreferate zu fast allen Gebieten der Informatik gehalten. Nach Ansicht des Herausgebers reichten aber leider „die Vortragsanmeldungen gerade im Bereich der Informatik-Anwendung nicht aus, um dieses Gebiet in dem ihm eigentlich zukommenden Umfang darzustellen".

Von den Hauptvorträgen

J. HARTMANIS, J. SIMON: On the structure of feasible commutations,

P. NEUMANN: Toward a methodology for designing large systems and verifying their properties,

H. FIEDLER: Datenschutz und Gesellschaft,

P. NAUR: Trends in computer science education,

S. G. VAN DER MEULEN: How to teach computer science to students who don't like science

ist besonders der zuerst genannte hervorzuheben. Darin wird ein Überblick über die sog. „quantitative Theorie der Berechenbarkeit" gegeben. Auf sehr übersichtliche und elegante Weise werden die Probleme der Kompliziertheitstheorie dargestellt: die quantitative Differenz zwischen deterministischer und nicht-deterministischer Berechnung, die Zeit- und Speicherplatzkompliziertheit bei einer Berechnung. Im zweiten Vortrag wird versucht, mit Hilfe einer großen Anzahl bekannter Ansatzpunkte zu motivieren, warum eine Methodologie für den Entwurf und die Implementierung von Computer-Systemen sinnvoll und nützlich ist. Der dritte Beitrag beginnt mit der Bemerkung: „Die Datenschutzdiskussion betrifft heute die Gesamtheit der westlichen Industriestaaten. Ursprünglich ist sie in den USA entstanden, wo man etwa Mitte der sechziger Jahre auf skandalöse Mißstände im Kreditwesen hinwies." Es geht dabei um den Gebrauch bzw. Mißbrauch von computerisierten Datenbeständen. Der Autor weist darauf hin, daß Datensicherheit und -schutz nicht nur Sache des Juristen oder Gesellschaftswissenschaftlers sind, sondern auch Sache des Informatikers. Die beiden letzten Hauptvorträge behandeln insbesondere Ausbildungsprogramme für das Gebiet der Informatik.

Auf die Kurzvorträge kann hier nicht im einzelnen eingegangen werden. Deshalb soll im folgenden nur eine Übersicht über die behandelten Gebiete gebracht werden, wobei lediglich die Anzahl der entsprechenden Vorträge vermerkt ist:

- Theoretische Grundlagen: Automatentheorie und formale Sprachen (3), Theorie der Programmierung (2), Komplexitätstheorie (2)
- Programmiersprachen und Compiler: Implementierung von Programmiersprachen (2), Zweidimensionale Sprachen (2), Parser-orientierte Methoden (3), Code-Optimierung (2), Implementierungs- und Optimierungstechniken (2)
- Nichtsequentielle Systeme: Gegenseitige Beeinflussung (3), Petri-Netz-ähnliche Modelle (3), Theorie (2)
- Betriebssysteme: Mini-Computer (2), Performance Analysis (3), Struktur (2)
- Rechnerarchitektur und Bewertung (3)
- Informationssysteme: Anwendungen (3), Sicherheit (2), Theorie (3), Unterteilung von Datenbanken (2)
- Computer Graphics: Software (2), Anwendungen (2), Approximationstechniken (2)
- Anwendungen: Anwendungen in der Geographie (2), Rechnergestütztes Konstruieren (2)
- Ausbildung: Didaktische Konzepte (3), Berufsbild des Informatikers (2), Studienpläne (3)

W. Wechler

Optimization Techniques. IFIP Technical Conference. Novosibirsk, July 1–7, 1974. Edited by G. I. Marchuk. (Lecture Notes in Computer Science, 27). Springer-Verlag, Berlin-Heidelberg-New York 1975. 507 pp.

Die unter Leitung von L. S. Pontrjagin und G. I. Marchuk (UdSSR) durchgeführte Tagung enthielt die Sektionen Modellbildung und Identifikation, Optimale Steuerung, Mathematische Optimierung und Numerische Methoden sowie Spieltheorie, in denen unter starker internationaler Beteiligung 70 Vorträge gehalten wurden. Diese Beiträge sind im vorliegenden Berichtsband in englischer Sprache wiedergegeben. Der überwiegende Teil der Arbeiten dient der disziplinären Vertiefung und Weiterentwicklung von Fragen der dynamischen Optimierung im weitesten Sinne. Daneben steht, vor allem in der Sektion Modellbildung, die Behandlung spezieller ökonomischer, soziologischer, biologischer und technisch-technologischer Fragen. In den nachfolgenden Sektionen tritt die unmittelbare Bezugnahme auf spezielle Anwendungsfälle naturgemäß stärker zurück. Die Darstellungen sind durchweg von hohem Niveau und zeigen einerseits die stürmische und breite Entwicklung, in der sich dieses Gebiet befindet, andererseits aber auch die Probleme, die vor allem bei der Anwendung (Aufwand!) immer wieder entstehen. J. Uhlig

Interval Mathematics. Proceedings of the International Symposium; Karlsruhe, May 20–24, 1975. Edited by K. Nickel. (Lecture Notes in Computer Science, 29). Springer-Verlag, Berlin-Heidelberg-New York 1975. 331 pp.

Der vorliegende Band enthält die anläßlich einer Tagung im Mai 1975 gehaltenen Vorträge und gibt einen guten Überblick über die derzeitigen Arbeiten auf dem Gebiet der Intervallmathematik. Die Bedeutung der Intervallmathematik liegt darin, bei numerischen Rechnungen sichere Einschließungen der Resultate zu liefern. Sie bildet also eine wichtige Grundlage für die Automatisierung numerischer Rechnungen.

Es zeichnen sich zwei größere Arbeitsrichtungen ab. Die erste befaßt sich mit theoretischen Untersuchungen über die in der Intervallmathematik benutzten Strukturen. Hier sind vor allem die Vorträge von Ratschek (Nichtnumerische Aspekte der Intervallmathematik) und von Nickel (Verbandstheoretische Grundlagen der Intervallmathematik) zu erwähnen.

Die zweite Arbeitsrichtung umfaßt die praktischen Anwendungen der Intervallmathematik von der Entwicklung geeigneter Grundoperationen und geeigneter Intervallbegriffe über die Entwicklung spezieller Verfahren bis zu Problemen der Programmierung dieser Methoden. In einer Arbeit von Hansen wird über die Erweiterung der klassischen Fehlerrechnung zu einer „verallgemeinerten Intervallarithmetik" berichtet. Henrici stellt die Anwendungen der Kreisscheibenarithmetik – eine Intervallarithmetik für komplexe Zahlen – in der Kettenbruchtheorie vor. Ris behandelt eine Menge von geeigneten Grundoperationen für das Rechnen mit Intervallen. In Arbeiten von Moore und Urabe werden Anwendungen der Intervallanalysis bei der Lösung von Gleichungen betrachtet.

In einer Fülle weiterer Vorträge werden hauptsächlich folgende Gebiete behandelt: Einschließung der Lösungen von Rand- und Anfangswertaufgaben, Fehlerabschätzungen in der linearen Algebra und der linearen Optimierung, Einschließung der Nullstellen algebraischer Gleichungen. Darüber hinaus befassen sich einige Arbeiten mit weiteren grundlegenden Problemen, wie Implementierung einer Kahan-Arithmetik, in der auch uneigentliche Intervalle benutzt werden (Laveuve), oder einer Verallgemeinerung der Intervallrechnung durch Benutzung vektorieller Normen (Fischer).

Insgesamt zeigen die vorliegenden Veröffentlichungen die vielfältigen Möglichkeiten der Intervallmathematik, sie zeigen aber auch, daß die Entwicklung noch weitgehend im Fluß ist. Für alle an der Gewinnung sicherer Resultate bei numerischen Rechnungen Interessierten enthält der vorliegende Band wichtige und aktuelle Informationen.

K.-H. Bachmann

Helmuth Späth: Algorithmen für multivariable Ausgleichsmodelle. (Reihe: Verfahren der Datenverarbeitung). R. Oldenbourg Verlag, München—Wien 1974. 125 S., 4 Abb., 43 Tab., 39 Computerprogramme.

Der Autor wendet sich an den breiten Interessentenkreis all jener, deren Fragestellungen sich auf diskrete Ausgleichsprinzipien zurückführen lassen und soweit aufgearbeitet sind, daß eine unmittelbare numerische Auswertung der anfallenden Daten notwendig wird.

Das Buch hat das Ziel, nach jeweils kurzer, prägnanter Darstellung der mathematischen Ausgleichsprinzipien und der zugehörigen gewählten numerischen Lösungsverfahren die technischen Hilfsmittel für das jeweilige Prinzip in Form von FORTRAN-Programmen zusammen mit durchgerechneten Beispielen zur Verfügung zu stellen. Dabei entscheidet sich der Autor jeweils für einen bewährten Algorithmus für das entsprechende Ausgleichprinzip und stützt sich auf entsprechende Literatur und veröffentlichte Algorithmen. Für das Verständnis des Buches sind Grundkenntnisse der linearen Algebra, der Differentialrechnung und von FORTRAN erforderlich.

Begonnen wird mit der Angabe eines Programmes zur Lösung linearer Gleichungssysteme nach dem bekannten Gaußschen Eliminationsverfahren mit Pivotsuche und Skalierung. Einen breiten Raum nehmen die Verfahren zur Lösung überbestimmter linearer Gleichungssysteme im Sinne der kleinsten Quadrate ohne und mit linearen Nebenbedingungen ein. Auch wird auf die geeignete Variablenauswahl bei der Regression eingegangen und der Spezialfall des Polynomausgleichs berücksichtigt.

Für die diskrete L_p-Approximation werden für $p = 1$ ein dualer Simplexalgorithmus angegeben und für $1 < p < \infty$ Iterationsverfahren hergeleitet, über deren Konvergenz heuristisch motivierte Aussagen gemacht werden, die zu weiteren mathematischen Untersuchungen anregen.

Im Falle der interdependenten diskreten linearen Approximation für mehrere Variable gibt der Verfasser einen Algorithmus an, dessen Erfolg nur empirisch gesichert ist.

Auch Probleme der nichtlinearen Regression bei einem und mehreren nichtlinear eingehenden Parametern sind Gegenstand des Buches. Für eine hinreichend große Funktionenklasse werden konvergente Verfahren angegeben. Den Abschluß bildet ein Suchverfahren für lokale Minima stetiger Funktionen von mehreren Veränderlichen.

Die angegebenen Programme und gerechneten Beispiele sind übersichtlich geordnet, und es werden die mit ihnen gesammelten Erfahrungen vermittelt.

Das Buch ist daher ein guter Beitrag zur Anwendung von Ausgleichsmodellen und deren Programmierung.

R. Schulze

Mathematik-Handbuch für Technik und Naturwissenschaft. Herausgegeben von J. Dreszer. Übersetzung aus dem Polnischen. VEB Fachbuch-Verlag, Leipzig 1975. 1337 S., 486 Abb.

Das Buch enthält in 41 Kapiteln, die von 21 Autoren geschrieben sind, praktisch alle Gebiete der Mathematik. Dies wird besonders deutlich, wenn man es mit dem weitverbreiteten kleinen „Taschenbuch der Mathematik“ von Bronstein/Semedjajew vergleicht. Es enthält dann auch Gebiete wie etwa Kombinatorik, Tensoren, Mengenlehre, Topologie,

Abstrakte Algebra, Distributionstheorie, stochastische Differentialgleichungen, Informationstheorie, Logik und Rechentechnik. Dabei ist es meist abstrakter, theoretischer angelegt. Neben den Fakten werden je nach den Anliegen zuweilen auch wichtige Hinweise erbracht. Im Vergleich zur „Kleinen Enzyklopädie Mathematik" ist es wesentlich tiefgründiger. Es setzt mehr Wissen voraus.

Nicht geglückt erscheint die Berücksichtigung der kybernetischen Methoden. So fehlen u. a. vollständig Graphen-, Automaten-, Algorithmen-, Kodierungs- und Systemtheorie. Hier bleibt KÄMMERERS „Einführung in die mathematischen Methoden der Kybernetik" offensichtlich noch immer das Standardwerk. Mit ihm zusammen dürfte das vorliegende Werk aber wohl für alle Probleme unseres Gebietes ein sehr wertvolles Nachschlagewerk sein. Es dürfte nicht nur in Bibliotheken sein Dasein fristen, sondern sicher sehr oft auch als Privatbesitz zu Rate gezogen werden. Dies auch um so mehr, je weniger typisch kybernetische Fragen vorliegen.

H. Völz

Hans Dieter Lüke: Signalübertragung. Einführung in die Theorie der Nachrichtenübertragungstechnik (Reihe Hochschultexte). Springer-Verlag, Berlin-Heidelberg-New York 1975. 300 S., 150 Abb.

Dem Hochschultext „Signalübertragung" liegen Vorlesungen zugrunde, die der Autor an der Rheinisch-Westfälischen TH Aachen hielt. Dieser Text soll den mit den Grundlagen der Elektrotechnik und mit den im Vorexamen geforderten mathematischen Fertigkeiten vertrauten Leser mit den wichtigsten theoretischen Methoden bekannt machen, die bei Untersuchungen zu der unter Störeinfluß vor sich gehenden Signalübertragung von Bedeutung sind. Um das Vertrautwerden zu erleichtern, werden verhältnismäßig wenige Grundbausteine in Gestalt einfacher Signale und Systeme eingeführt; und es wird auf sie im weiteren stets zurückgegriffen.

In Kapitel 1 wird gezeigt, daß die Signalübertragung über lineare, zeitinvariante Systeme mit dem Faltungsintegral berechnet werden kann. Hervorzuheben ist die mathematisch einwandfreie Einführung des Diracstoßes als verallgemeinerte Funktion durch ein Integral. Die anschließend entwickelte Faltungsalgebra vereinfacht den Umgang mit Faltungsintegralen wesentlich.

In Kap. 2 wird die Fourier-Transformation als Hilfsmittel zur Berechnung von Faltungsintegralen eingeführt. Verallgemeinerte Funktionen im Zeit- und im Frequenzbereich erleichtern den Umgang mit der Methode der Fourier-Transformation. Das in Kap. 3 behandelte Abtasttheorem liefert als wesentliche Aussagen, daß ein abgetastetes Signal ein periodisches Spektrum und ein periodisches Signal ein Linienspektrum besitzt. In Kap. 4 wird als Maß der Ähnlichkeit zweier determinierter reeller Signale die Korrelation eingeführt. Kap. 5 schließt die Betrachtung determinierter Signale ab und bietet die Theorie der Tiefpaß- und Bandpaßsysteme.

Kap. 6 behandelt Zufallssignale und ihre statistische Beschreibung, gekennzeichnet durch eine Reihe verschiedener Mittelwertbildungen, wie die des linearen und quadratischen Mittelwerts, der Streuung, der Korrelationsfunktion und der Kovarianzfunktion. Damit ist es dann möglich, die Übertragung von Zufallssignalen über lineare, zeitinvariante Systeme zu beschreiben. Nach Einführung des weißen Rauschens als Modell für typische Störsignale wird das Problem des optimalen Empfangs eines gestörten Signals gelöst. In Kap. 7 wird eine Einführung in die zur Übertragung digitaler Datensignale verwendeten Prinzipien gegeben. Die behandelten Übertragungssysteme werden im Tiefpaß und im Bandpaßbereich aus dem Korrelationsfilter-Konzept entwickelt. Die danach dargebotene Pulscodemodulation stellt den Übergang zu Kap. 8 dar. Hier werden die wichtigsten linearen und nichtlinearen Modulationsverfahren zur Übertragung analoger Signale diskutiert. Ausgang bildet wieder das Korrelationsfilter-Konzept. Daraus werden sodann die Pulscodemudalation, die Amplitudenmodulation und die Verfahren der Zeit- und Frequenzmultiplex-Übertragung entwickelt. Danach wird auch das Winkelmodulations-Verfahren dargelegt. Abschließend werden die verschiedenen Modulationsverfahren auf informationstechnischer Grundlage miteinander verglichen.

Die zahlreichen Abbildungen bieten eine wesentliche Hilfe zum Verständnis. Die jedem Kapitel angefügten Aufgaben und die am Ende des Buches angeführten Lösungen geben eine wertvolle Unterstützung beim Selbststudium. Dem ausführlichen Literaturverzeichnis sind zwei Anhänge angefügt, die über klassische Aufsätze bzw. über Normen und Begriffe informieren.
W. Kämmerer

Peter Schnupp: Systemprogrammierung. (de Gruyter Lehrbuch). Verlag Walter de Gruyter, Berlin—New York 1975. 245 S., 103 Abb.

Betriebssysteme sind heute integrale Bestandteile von Rechnersystemen. Obwohl noch nicht klar umrissen, entwickelte sich mit der Systemprogrammierung ein umfangreiches Gebiet der Informatik, dessen Ziel es letztlich ist, dem Anwender die Nutzung der bereitstehenden Rechnerhardware zu erleichtern, d. h. die Anwendungsprogrammierung zu vereinfachen.

Das vorliegende Buch befaßt sich mit den Grundlagen der Systemprogrammierung, und zwar unter Beschränkung auf die Betriebssystemprogrammierung. Es motiviert die Einschaltung von Systemprogrammen zwischen Hardware und Anwenderprogrammen und erörtert verschiedene Realisierungsprobleme von Betriebssystemen.

Ausgehend von der Entwicklung der Rechnergenerationen begründet Kap. 1 auf der Basis des Begriffs der virtuellen Maschine die Zweckmäßigkeit von Betriebssystemen. Anhand des Telex-Auskunftssystems der Bundespost der BRD werden in Kap. 2 die Arbeitsweise eines spezialisierten Betriebssystems und verschiedene Grundbegriffe erläutert. Kap. 3 behandelt die Auftragsbeschreibung, Auftragssteuersprache, Auftragshaltung und Ablaufsteuerung als Probleme der Auftragsverwaltung, während Kap. 4 der Ressourcen-Verwaltung gewidmet ist. Die Bedeutung von Unterbrechungen, Grundprinzipien ihrer Behandlung und technische Realisierung für das Beispiel eines Prozeßrechners werden in Kap. 5 beschrieben. Fragen der Datenverwaltung bringt Kap. 6. Die Komplexe der logischen und physikalischen Ein-/Ausgabe, der Kanäle, Steuereinheiten und Geräte sowie die damit verknüpfte Programmierung untersucht Kap. 7. Kap. 8 führt in die Datenfernübertragung zu abgesetzten Terminals ein, wobei die Prinzipien der Übertragungsprozeduren und Leitungsprotokolle sowie Codefragen im Vordergrund stehen. Grundlagen der Koordinierung von Prozessen und die Problematik der Vermeidung von Blockierungen finden sich in Kap. 9. Aufgabenstellung und Realisierungsfragen von Schutzmechanismen erörtert Kap. 10. Die Ausführungen werden in Kap. 11 durch Diskussion der Integration von Basis- und Anwendungsprogrammen sowie von Datenbeständen zu einem Gesamtsystem ergänzt, wobei diese Organisationsstruktur nicht nur rechnerintern aufzufassen ist, sondern die Systembenutzer als Systemumgebung einschließt. Das abschließende Kapitel faßt die Systemkomponenten zum strukturierten System zusammen und definiert die Grundaufgabe eines Betriebssystems zusammenfassend dahingehend, daß hierdurch die Hardware-Konfiguration in eine softwaremäßig realisierte, sich den wechselnden Nutzeranforderungen anpassende, virtuelle Multiprozessorstruktur transformiert wird. Der Komplexität des Problems wird zweckmäßigerweise durch hierarchische Strukturierung der Betriebssysteme Rechnung getragen.

Mit dem vorliegenden Buch wird dem Informatikstudenten wertvolles Material zur Verfügung gestellt. Die knappe und klare Darstellung des Stoffes wird aber auch viele praktische Anwendungsprogrammierer anregen, sich durch Studien des Werkes einen Überblick über die Grundfragen der Betriebssystemprogrammierung zu verschaffen.
H. W. Meier

Kolibri 360 GmbH
Ferdinand-Jühlke-Straße 7
99095 Erfurt, Deutschland
produktsicherheit@kolibri360.de